鸡公山常见植物资源及其识别研究

王雪芹　著

科学技术文献出版社
SCIENTIFIC AND TECHNICAL DOCUMENTATION PRESS
·北京·

图书在版编目（CIP）数据

鸡公山常见植物资源及其识别研究 / 王雪芹著. —北京：科学技术文献出版社，2023.3

ISBN 978-7-5189-9097-9

Ⅰ. ①鸡… Ⅱ. ①王… Ⅲ. ①鸡公山—植物资源—识别—研究 Ⅳ. ① Q948.526.13

中国版本图书馆 CIP 数据核字（2022）第 063225 号

鸡公山常见植物资源及其识别研究

策划编辑：张　丹　责任编辑：李　鑫　责任校对：张永霞　责任出版：张志平

出 版 者　科学技术文献出版社
地　　址　北京市复兴路15号　邮编 100038
编 务 部　（010）58882938，58882087（传真）
发 行 部　（010）58882868，58882870（传真）
邮 购 部　（010）58882873
官方网址　www.stdp.com.cn
发 行 者　科学技术文献出版社发行　全国各地新华书店经销
印 刷 者　北京九州迅驰传媒文化有限公司
版　　次　2023 年 3 月第 1 版　2023 年 3 月第 1 次印刷
开　　本　787 × 960　1/32
字　　数　257千
印　　张　11
书　　号　ISBN 978-7-5189-9097-9
定　　价　78.00元

目　录

1 鸡公山植物资源概况

1.1 鸡公山国家自然保护区的自然概况

鸡公山国家级自然保护区位于河南省信阳市境内。地处豫鄂两省交界处，地理坐标为北纬 31°46′—31°52′，东经 114°01′—114°06′。保护区的南部和东南部与湖北省广水市接壤，东西北三面与信阳市李家寨镇相连。保护区总面积 2917 hm^2，其中有林地面积 2893.7 hm^2，占保护区总面积的 99.2%；其他用地 23.3 hm^2，占保护区总面积的 0.8%。保护区森林覆盖率为 98%。

1.2 鸡公山国家自然保护区的植物多样性

据《河南鸡公山国家级自然保护区科学考察集》记录，现在已知保护区内的苔藓植物共计 51 科 103 属 236 种 1 亚种 17 变种。其中，苔类有 18 科 20 属 43 种 1 变种；藓类有 33 科 83 属 193 种 1 亚种 16 变种。

自然保护区内蕨类植物共计 33 科 67 属 152 种 4 变种。其中，含 20 种以上的大科分别为鳞毛蕨科（Dryopteridaceae）、水龙骨科（Polypodiaceae）和蹄盖蕨科（Athyriaceae）。

保护区内野生、逸生和能在本区露地越冬自行繁殖的种子植物共计有 166 科 889 属 2316 种及变种。其中裸子植物 7 科 27 属 72 种，被子植物 159 科 862 属 2244 种。

其中物种数在 50 种以上的大科包括禾本科（Poaceae）、菊科（Asteraceae）、蔷薇科（Rosaceae）、豆科（Fabaceae）、莎草科（Cyperaceae）、百合科（Liliaceae）、唇形科（Lamiaceae）等。而含属种较少的壳斗科（Fagaceae）、松科（Pinaceae）、樟科（Lauraceae）、桦木科（Betulaceae）、杨柳科（Salicaceae）、榆

科（Ulmaceae）等则是本保护区森林植被的主要成分。

1.3 珍稀濒危保护植物

根据1984年国务院环境保护委员会公布的第一批《珍稀濒危保护植物名录》，1985年国家环保局和中国科学院植物研究所出版的《中国珍稀濒危保护植物名录（第一册）》，鸡公山国家级自然保护区共有国家级珍稀濒危保护植物25科30属33种，约占河南省国家级保护植物的73%。其中，国家一级珍稀濒危保护植物有2种，占河南省国家一级珍稀濒危保护植物总数的100%；国家二级珍稀濒危保护植物11种，占河南省国家二级珍稀濒危保护植物总种数的78.5%；国家三级珍稀濒危保护植物20种，占河南省国家级三级珍稀濒危保护植物总种数的74%。

根据1999年8月4日国务院公布的《国家重点保护野生植物名录（第一批）》，本保护区有国家级保护植物19科23属27种，占河南国家重点保护植物的80%。

根据河南省人民政府颁布的《河南省重点保护植物名录》（豫政〔2005〕1号），全省省级重点保护植物有98种，其中种子植物93种，本保护区分布有22科43属59种，占全省省级重点保护植物的63.4%。

根据原林业部于1992年10月公布的《国家珍稀树种及重点保护的野生植物名录》，河南省有国家珍稀树种19种，本保护区分布的国家珍稀树种有12种，占河南珍稀树种的63.2%。

1.4 植物资源

根据植物的用途，保护区内植物分为用材树种、淀粉植物、纤维植物、野生水果、鞣料植物、绿化观赏植物、野菜植物、饲料植物、芳香植物、油脂植物、药用植物、有毒植物、蜜源植物等。

2　鸡公山种子植物常见科的识别要点

银杏科 Ginkgoaceae　落叶乔木，叶片扇形，二叉状脉序。

松科 Pinaceae　木本，叶针形或钻形，螺旋状排列，单生或簇生，球果的种鳞与苞鳞半合生或合生。

柏科 Cupressaceae　木本，叶鳞形或刺形，叶、种鳞均为交互对生或轮生，球果的种鳞与苞鳞合生。

睡莲科 Nymphaeaceae　水生草本，有根状茎，叶盾形或心形，花大，单生，果实埋于海绵质的花托内或果为浆果状。

五味子科 Schisandraceae　藤本，单叶互生，无托叶，花单性，聚合果呈球状或散布于一极延长的花托上，种子藏于肉质的果肉内。

木兰科 Magnoliaceae　木本，单叶互生，托叶包被幼芽，早落，在节上留有托叶环，蓇葖果、稀翅果。

樟科 Lauraceae　木本，单叶互生，揉碎后具芳香，花药瓣裂，第 3 轮雄蕊花药外向，核果。

蜡梅科 Calycanthaceae　木本，单叶对生全缘无托叶，花两性，单生，先叶开花，芳香，聚合瘦果着生于坛状的果托之中。

马兜铃科 Aristolochiaceae　草本或藤本，叶常心形，花两性，常有腐肉气，花被通常单层、合生、管状弯曲，三裂，子房下位或半下位，蒴果。

三白草科 Saururaceae　草本，单叶全缘互生，托叶与叶柄合生，苞片明显，花两性，无花被，3 心皮。

天南星科 Araceae　草本，具对人的舌有刺痒或灼热感的汁液，花小，极臭，排列为肉穗花序，花序外面有佛焰苞包围，浆果。

百合科 Liliaceae　花 3 基数，子房上位，中轴胎座，蒴果或浆果。

鸢尾科 Iridaceae　多年生草本，地下部分通常具根状茎、球茎或鳞茎，叶多基生，少为互生，条形、剑形或为丝状，基部成鞘状，互相套迭，具平行脉。花两性，色泽鲜艳美丽。

薯蓣科 Dioscoreaceae　缠绕草本，叶具基出掌状脉，并有网脉，花单性，蒴果有翅或浆果。

棕榈科 Arecaceae　木本，树干不分枝，叶常为羽状或扇形分裂，在芽中呈折扇状，肉穗花序。

鸭跖草科 Commelinaceae　草本，有叶鞘，花通常在蝎尾状聚伞花序上，聚伞花序单生或集成圆锥花序，子房上位，蒴果，种子有棱。

灯心草科 Juncaceae　湿生草本，茎多簇生，叶基生或同时茎生，常具叶耳，花 3 基数，蒴果 3 瓣裂。

莎草科 Cyperaceae　草本，秆三棱形、实心、无节，叶三列，有封闭的叶鞘，小坚果。

禾本科 Poaceae　多草本，秆圆柱形、中空、有节，叶二列，叶鞘开裂，颖果。

防己科 Menispermaceae　藤本，单叶互生，常为掌状叶脉，花单性异株，心皮离生，核果。

毛茛科 Ranunculaceae　草本，裂叶或复叶，花两性，各部离生，雄蕊和雌蕊螺旋状排列于膨大的花托上，聚合瘦果。

罂粟科 Papaveraceae　植物体有白色或黄色汁液，无托叶，萼早落，雄蕊多数，离生，侧膜胎座，蒴果，瓣裂或顶孔开裂。

石竹科 Caryophyllaceae　草本节膨大，单叶对生，萼宿存，石竹形花冠，蒴果。

商陆科 Phytolaccaceae　草本，单叶互生全缘，无托叶，无花瓣，具肉质肥大根。

苋科 Amaranthaceae　多草本，花小，单被，常干膜质，雄蕊对花被片，常为盖裂的胞果。

马齿苋科 Portulacaceae　肉质草本，叶全缘，萼片通常 2

枚，花瓣常早萎，基生中央胎座，蒴果，盖裂或瓣裂。

蓼科 Polygonaceae　草本，节膨大，单叶互生，全缘，托叶通常膜质，鞘状包茎或叶状贯茎，瘦果或小坚果三棱形或凸镜形，包于宿存的花萼中。

虎耳草科 Saxifragaceae　草本，叶常互生，无托叶，雄蕊着生在花瓣上，子房与萼状花托分离或合生，蒴果。

景天科 Crassulaceae　草本,叶肉质,花整齐,两性,5 基数,各部离生，雄蕊为花瓣同数或两倍，蓇葖果。

金缕梅科 Hamamelidaceae　木本，具星状毛，单叶互生，萼筒与子房壁结合，子房下位，有 2 心皮基部合生组成，2 室，蒴果木质，顶部开裂。

芍药科 Paeoniaceae　复叶互生,苞片叶状宿存,雄蕊多数,离心发育，心皮离生，柱状反卷，蓇葖果沿腹缝线开裂。

葡萄科 Vitaceae　藤本，有卷须与叶对生，花序与叶对生，雄蕊与花瓣对生，浆果。

牻牛儿苗科 Geraniaceae　草本，有托叶，萼片 4～5 枚，背面一片有时有距，果干燥，成熟时果瓣由基部向上翻起，但为花柱所连接。

酢浆草科 Oxalidaceae　草本，指状复叶或羽状复叶，萼 5 裂，花瓣 5 瓣，雄蕊 10 枚，子房基部合生，花柱 5 个，中轴胎座，蒴果或肉质浆果。

卫矛科 Celastraceae　乔木或灌木，常攀缘状，单叶对生或互生，花小，淡绿色，聚伞花序，子房常为花盘所绕或多少陷入其中，雄蕊位于花盘上方、边缘或下方，种子常有肉质假种皮。

大戟科 Euphorbiaceae　植物体常有乳汁，花单性，子房上位，常三室，胚珠悬垂，常蒴果、浆果或核果状。

堇菜科 Violaceae　单叶，有托叶，萼片 5 枚，常宿存，花瓣 5 瓣，下面 1 枚常扩大基部囊状或有距，侧膜胎座，蒴果或浆果。

豆科 Fabaceae 单叶或复叶，互生，具托叶，叶柄基部常膨大，荚果。

蔷薇科 Rosaceae　叶互生，常有托叶，花两性，周位花，具核果、聚合瘦果、蓇葖果、梨果等果实。

鼠李科 Rhamnaceae　木本，单叶，花瓣着生于萼筒上并与雄蕊对生，花瓣常凹形，花盘明显，常为核果。

胡颓子科 Elaeagnaceae　木本，全株被银色或金褐色盾形鳞片，单叶全缘，单被花，花被管状。

榆科 Ulmaceae　木本，单叶互生，常二列，有托叶，单被花，雄蕊着生于花被的基底，常与花被裂片对生，花柱 2 条裂，果为一翅果、坚果或核果。

桑科 Moraceae　木本，常有乳汁，单叶互生，花小，单性，单被，4 基数，聚花果。

荨麻科 Urticaceae　草本，茎皮纤维发达，叶内有钟乳体，花单性，单被，聚伞花序，核果或瘦果。

葫芦科 Cucurbitaceae　藤本，卷须生于叶腋，单叶互生，稀鸟足状复叶，花单性，花药药室常曲形，子房下位，瓠果。

壳斗科 Fagaceae　木本，单叶互生，托叶早落，羽状脉直达叶缘，子房下位，坚果，包于壳斗（木质化的总苞）内。

桦木科 Betulaceae　落叶乔木，单叶互生，单性同株，雄花序为柔荑花序，每一苞片内有雄花 3～6 朵，雌花为圆锥形球果状的穗状花序，2～3 朵生于每一苞片腋内，坚果有翅或无翅。

胡桃科 Juglandaceae　落叶乔木，羽状复叶，单性花，子房下位，坚果核果状或具翅。

千屈菜科 Lythraceae　叶对生，全缘，无托叶，花瓣在花蕾中常褶皱，花丝不等长，在花蕾中常内折，着生于萼管上，蒴果。

柳叶菜科 Onagraceae　草本，花托延伸于子房上呈萼管状，子房下位，多为蒴果。

十字花科 Brassicaceae　草本，总状花序，十字形花冠，四强雄蕊，角果。

锦葵科 Malvaceae　单叶互生，常为掌状叶脉，有托叶，花常具副萼，单体雄蕊具雄蕊管，蒴果或分裂为数个果瓣的分果。

芸香科 Rutaceae　有油腺，含芳香油，叶上具透明小点，多复叶，下位花盘，外轮雄蕊常与花瓣对生，柑果等果实。

楝科 Meliaceae　木本，常羽状复叶，叶互生，无托叶，圆锥花序，花多两性，整齐，雄蕊多合生成管，子房上位，具花盘。

苦木科 Simaroubaceae 木本，树皮常有苦味，叶互生，羽状复叶，花序腋生，总状，花小，辐射对称。

漆树科 Anacardiaceae　乔木或灌木，单叶或羽状复叶，花小，辐射对称，雄蕊内有花盘，子房常 1 室，核果。

无患子科 Sapindaceae　常羽状复叶，花杂性，花瓣内侧基部常有毛或鳞片，花盘发达，位于雄蕊的外方，3 心皮子房，种子常具假种皮。

省沽油科 Staphyleaceae 木本，奇数羽状复叶稀单叶，花整齐，圆锥花序，5 基数。

山茱萸科 Cornaceae　多木本，单叶，花序有苞片或总苞片，萼管与子房合生，花瓣与雄蕊同生于花盘基部，子房下位，核果或浆果状核果。

柿科 Ebenaceae　木本，单叶全缘，花常单性，花萼宿存，浆果。

报春花科 Primulaceae　草本，常有腺点和白粉，花两性，雄蕊与花冠裂片同数而对生，特立中央胎座，蒴果。

山茶科 Theaceae　常绿木本，单叶互生，花单生或簇生，有苞片，雄蕊多数，成数轮，常花丝基部合生而成有数束雄蕊，中轴胎座，蒴果或核果。

杜鹃花科 Ericaceae　木本，有具芽鳞的冬芽，单叶互生，花萼宿存，合瓣花，雄蕊生于下位花盘的基部，花药孔裂，多蒴果。

猕猴桃科 Actinidiaceae　植物体毛被发达，单叶互生，无托叶，花序腋生，花药背部着生，浆果或蒴果。

安息香科 Styracaceae　木本，被毛或鳞片，单叶互生，无托叶，花两性，辐射对称，花冠合瓣，花柱丝状或钻状，花萼宿存。

山矾科 Symplocaceae　木本，单叶互生，花萼常宿存，合瓣花，冠生雄蕊，子房下位，核果或浆果，顶端冠以宿存的花萼裂片。

茄科 Solanaceae　花萼宿存，花冠轮状，雄蕊 5 枚着生于花冠基部并与之互生，花药常孔裂。

旋花科 Convolvulaceae　藤本，叶互生，两性花，有苞片，萼片常宿存，合瓣花，开花前旋转门面，有花盘，蒴果或浆果。

紫草科 Boraginaceae　常草本，被毛，单叶，无托叶，花两性，辐射对称，花冠喉部具梯形或半月形附属物，核果，果皮常具突起。

茜草科 Rubiaceae　单叶对生全缘，托叶发达，两性花，整齐，雄蕊与花冠同数而互生，生于花冠筒上，子房下位。

夹竹桃科 Apocynaceae　乔木，直立灌木或木质藤木，也有多年生草本，具汁液，单叶对生或轮生，花冠喉部常有毛，冠生雄蕊，花药矩圆形或箭头形，多蓇葖果，种子常一端被毛。

木犀科 Oleaceae　木本，叶常对生，花整齐，花萼通常 4 裂，花冠 4 裂，雄蕊 2 枚，子房上位，2 室，每室常 2 枚胚珠。

车前科 Plantaginaceae　草本，叶基生，基部成鞘，穗状花序，花 4 基数，花单生于苞片腋部，花冠干膜质，蒴果环裂。

列当科 Orobanchaceae　寄生草本，无叶绿素，茎常单一，叶鳞片状，唇形花冠，二强雄蕊冠生，蒴果 2 裂。

爵床科 Acanthaceae　常草本，叶对生，节部常膨大，花具苞片，花常唇形，2 室子房，蒴果，种子常具钩。

马鞭草科 Verbenaceae　草本或木本，叶对生，基本花序为穗状或聚伞花序，花萼宿存，花冠合瓣，多左右对称，雄蕊 4 枚，冠生，子房上位，花柱顶生，核果、蒴果或浆果状核果。

唇形科 Lamiaceae　常草本，含芳香油，茎四棱，叶对生，花冠唇形，轮伞花序，二强雄蕊，2 心皮子房，裂成 4 室，花柱生于子房裂隙的基部，4 个小坚果。

冬青科 Aquifoliaceae　常绿木本，单叶常互生，花单性异株，排成腋生的聚伞花序或簇生花序，无花盘，浆果状核果。

伞形科 Apiaceae　芳香性草本，常有鞘状叶柄，单生或复生的伞形花序，5 基数花，上位花盘，子房下位，双悬果。

五加科 Araliaceae　木本稀草本，伞形花序，5 基数花，子房下位，浆果或核果。

海桐科 Pittosporaceae　常绿乔木或灌木，单叶互生革质全缘；花两性，辐射对称，5 基数，萼片分离，子房上位，倒生胚珠多数，蒴果或浆果，种子多数，有黏质或油质包被。

忍冬科 Caprifoliaceae　常木本，叶对生，无托叶，合瓣花，子房下位，常 3 室，浆果、蒴果或核果。

菊科 Asteraceae　头状花序，有总苞，合瓣花，聚药雄蕊，子房下位，连萼瘦果。

睡菜科 Menyanthaceae 水生植物，叶常互生，稀对生，花冠裂片在蕾中内向镊合状排列，花粉粒侧扁，稍三棱形，每棱具 1 个萌发孔，子房 1 室，无隔膜。

3 主要植物类群与常见种类识别

3.1 蕨类植物门 Pteridophyta

紫萁科 Osmundaceae

紫萁 *Osmunda japonica*

紫萁科 Osmundaceae　紫萁属 *Osmunda*

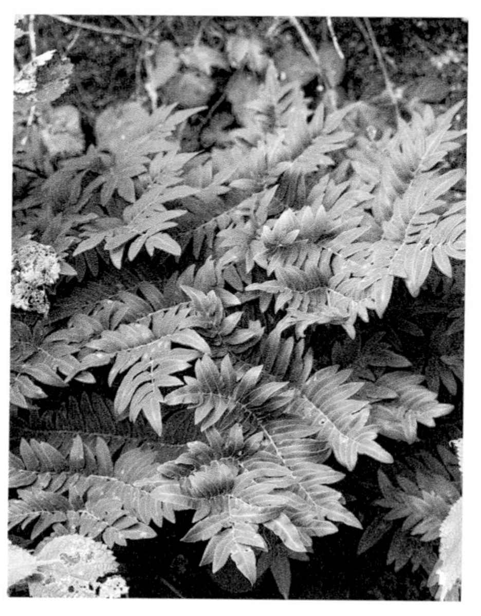

鉴别特征：植株高 50~80 cm 或更高。叶簇生，直立；叶片三角广卵形，奇数羽状。叶为纸质，成长后光滑无毛。孢子叶（能育叶）同营养叶等高，或经常稍高，羽片和小羽片均短缩，小羽片变成线形，沿中肋两侧背面密生孢子囊。

分布：生于阴坡林下或沟谷杂林中。

用途：嫩叶可食。

海金沙科 Lygodiaceae

海金沙 *Lygodium japonicum*

海金沙科 Lygodiaceae　海金沙属 *Lygodium*

鉴别特征：叶羽片多数，对生于叶轴上，平展。不育羽片尖三角形，二回羽状；二回小羽片卵状三角形，互生，掌状三裂；末回裂片短阔，基部楔形，先端钝。主脉明显，侧脉纤细。叶纸质。能育羽片卵状三角形，二回羽状；一回小羽片互生，长圆披针形；二回小羽片卵状三角形，羽状深裂。孢子囊穗长，超过小羽片的中央不育部分，排列稀疏，暗褐色，无毛。

分布：生于阴坡林下或沟谷杂林中。

用途：药用。

裸子蕨科 Hemionitidaceae

凤丫蕨 *Coniogramme japonica*

裸子蕨科 Hemionitidaceae　凤丫蕨属 *Coniogramme*

鉴别特征：植株高达 120 cm。叶柄基部以上光滑；叶片和叶柄等长或稍长，长圆三角形，二回羽状；基部一对最大，卵圆三角形，羽状；侧生小羽片披针形，顶生小羽片远较侧生的为大，阔披针形；顶羽片较其下的为大，有长柄；羽片和小羽片边缘有向前伸的疏矮齿。叶脉网状。叶干后纸质，两面无毛。孢子囊群沿叶脉分布，几达叶边。

分布：生于湿润林下和山谷阴湿处。

华中铁角蕨 *Asplenium sarelii*

铁角蕨科 Aspleniaceae　铁角蕨属 *Asplenium*

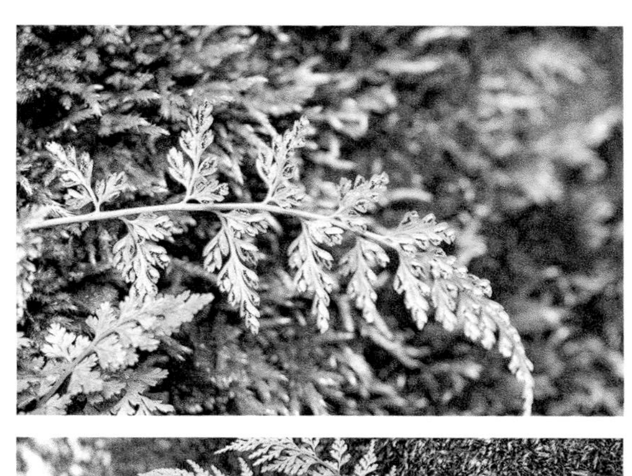

鉴别特征：植株高达 23 cm。叶簇生，淡绿色；叶片椭圆形，三回羽裂；羽片 8～10 对，基部的对生，向上互生，卵状三角形。叶脉两面均明显，不达叶边。叶坚草质；叶轴两侧均有线形狭翅，叶轴两面显著隆起。孢子囊群近椭圆形，每裂片有 1～2 枚，生于小脉上部，不达叶边；囊群盖同形，灰绿色，膜质，全缘，开向主脉，宿存。

分布：生于阴坡林下或沟谷杂林中。

鳞毛蕨科 Dryopteridaceae

贯众 *Cyrtomium fortunei*

鳞毛蕨科 Dryopteridaceae　贯众属 *Cyrtomium*

鉴别特征：植株高达 50 cm。根茎直立，密被棕色鳞片。叶簇生，叶片矩圆披针形，奇数一回羽状；侧生羽片互生，披针形，多少上弯成镰状。叶为纸质，两面光滑；叶轴腹面有浅纵沟，疏生披针形及线形棕色鳞片。孢子囊群遍布羽片背面；囊群盖圆形，盾状，全缘。

分布：生于阴坡林下、沟谷和路边。

红盖鳞毛蕨 *Dryopteris erythrosora*

鳞毛蕨科 Dryopteridaceae　鳞毛蕨属 *Dryopteris*

鉴别特征：植株高达 80 cm。叶簇生；叶片长圆状披针形，二回羽状；羽片披针形，小羽片披针形，边缘具较细的圆齿。叶轴疏被小鳞片，羽轴和小羽片中脉密被棕色泡状鳞片。叶片上面无毛，下面疏被棕色毛状小鳞片。孢子囊群较小，在小羽片中脉两侧各一行至不规则多行，靠近中脉着生；囊群盖圆肾形，全缘，中央红色，边缘灰白色。

分布：生于阴坡林下或沟谷杂林中。

半岛鳞毛蕨 *Dryopteris peninsulae*

鳞毛蕨科 Dryopteridaceae　鳞毛蕨属 *Dryopteris*

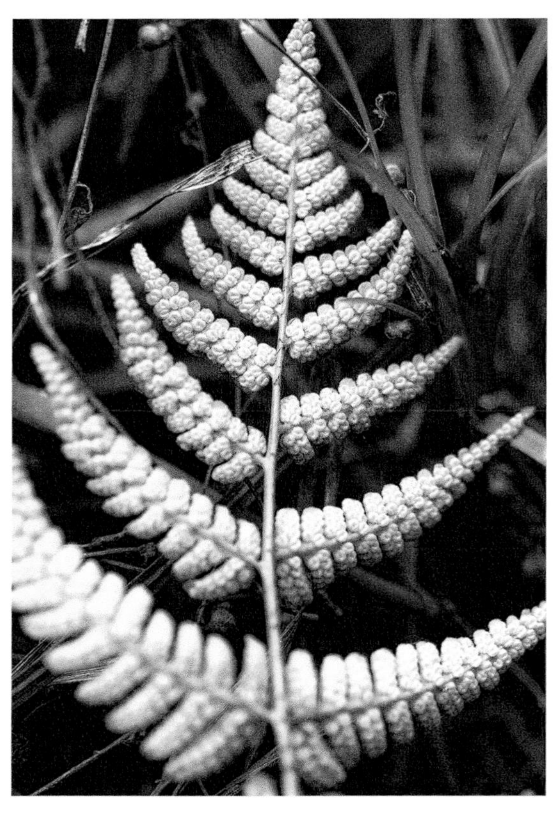

鉴别特征：植株高达 50 cm。叶簇生；叶片厚纸质，长圆形，二回羽状；羽片对生或互生，具短柄，卵状披针形，基部不对称，下部羽片较大，向上变小；小羽片长圆形，先端钝圆且具短尖齿。孢子囊群圆形，较大，常仅叶片上半部生有孢子囊群，沿裂片中肋排成 2 行；囊群盖圆肾形，近全缘，成熟时不完全覆盖孢子囊群；孢子近椭圆形，外壁具瘤状凸起。

分布：生于阴坡林下或沟谷杂林中。

石韦 *Pyrrosia lingua*

水龙骨科 Polypodiaceae　石韦属 *Pyrrosia*

鉴别特征：植株高达 30 cm。根状茎长而横走。叶远生，近二型。不育叶片近长圆形，全缘，干后革质，上面灰绿色，近光滑无毛；下面淡棕色，被星状毛。能育叶比不育叶长得高而较狭窄。孢子囊群近椭圆形，在侧脉间整齐成多行排列，布满整个叶片下面，或聚生于叶片的大上半部，初时为星状毛覆盖而呈淡棕色，成熟后孢子囊开裂外露而呈砖红色。

分布：生于阴坡林下、沟谷杂林中和路旁。

用途：药用。

满江红科 Azollaceae

满江红 *Azolla pinnata subsp. Asiatica*

满江红科 Azollaceae　满江红属 *Azolla*

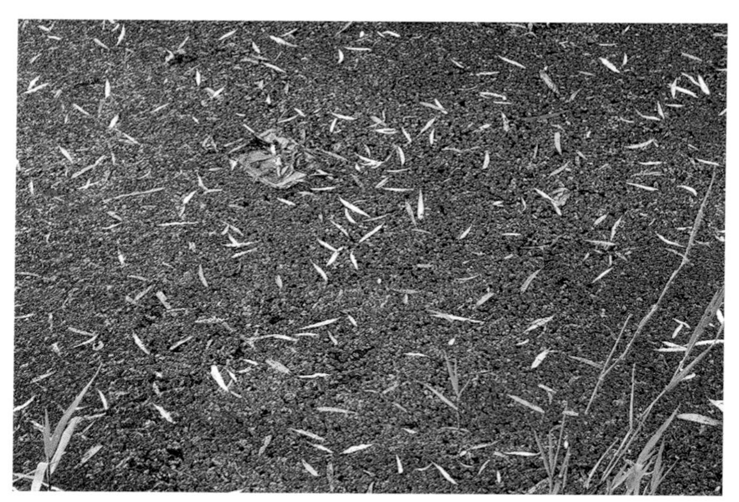

鉴别特征：小型漂浮植物。植物体呈卵形，根状茎细长横走，假二歧分枝，向下生须根。叶小，覆瓦状排列成两行，叶片深裂分为背裂片和腹裂片两部分，背裂片长圆形，肉质，绿色,秋后常变为紫红色；腹裂片贝壳状。孢子果双生于分枝处，大孢子果体积小，长卵形，顶部呈喙状，内藏一个大孢子囊；小孢子果体积较大，圆球形，内含多数具长柄的小孢子囊。

分布：生于水田和静水沟及河塘中。

用途：可作绿肥和饲料；药用。

3.2 裸子植物门 Gymnospermae

银杏科 Ginkgoaceae

银杏 *Ginkgo biloba*

银杏科 Ginkgoaceae　银杏属 *Ginkgo*

鉴别特征：乔木，高达 40 m。叶扇形，有多数并列细脉，在短枝上常具波状缺刻，在长枝上常 2 裂，叶在一年生长枝上螺旋状散生，在短枝上呈簇生状。球花雌雄异株，单性；雄球花葇荑花序状，下垂；雌球花具长梗。种子具长梗，下垂，常为椭圆形，外种皮肉质，熟时黄色，外被白粉，有臭味；中种皮白色，骨质；胚乳肉质。花期 3—4 月，种子 9—10 月成熟。

分布：为中生代孑遗的稀有树种，系我国特产。产于保护区李家寨保护站、武胜关保护站、红花保护站，栽培。

用途：材用；种子供食用及药用；叶可制杀虫剂；树皮含单宁；庭园树种及行道树种。

松科 Pinaceae

雪松 *Cedrus deodara*

松科 Pinaceae　雪松属 *Cedrus*

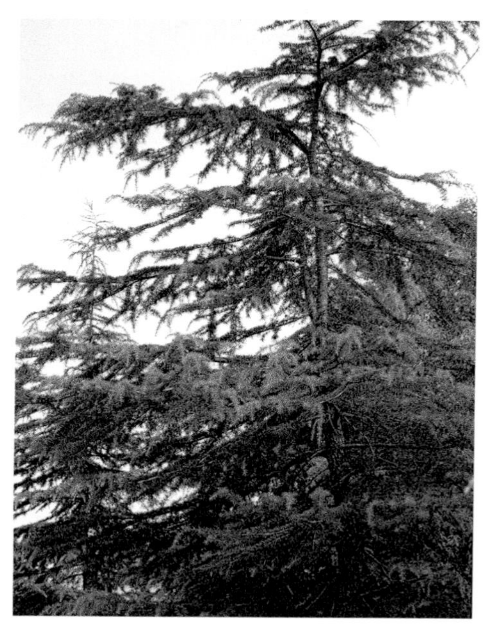

鉴别特征：乔木，高达 50 m。叶在长枝上辐射伸展，短枝之叶呈簇生状，针形，坚硬。雄球花长卵圆形；雌球花卵圆形。球果成熟前淡绿色，微有白粉，熟时红褐色，卵圆形；中部种鳞扇状倒三角形，鳞背密生短绒毛；苞鳞短小；种子近三角状，种翅宽大。

分布：保护区有栽培。

用途：有树脂，具香气，材用；庭园树种。

油松 *Pinus tabulaeformis*

松科 Pinaceae　松属 *Pinus*

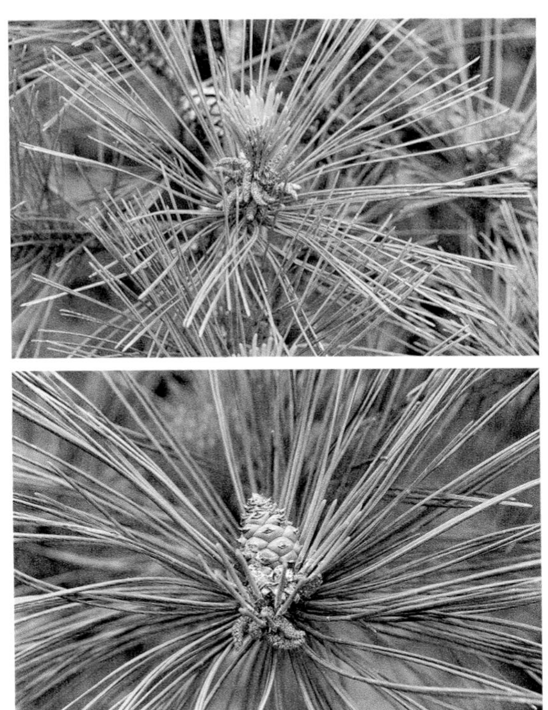

鉴别特征：乔木，高达 25 m。针叶 2 针一束，粗硬，边缘有细锯齿，两面具气孔线。雄球花圆柱形，在新枝下部聚生成穗状。球果卵形，有短梗，向下弯垂，常宿存树上近数年之久；中部种鳞近矩圆状倒卵形，鳞盾肥厚、隆起，扁菱形，横脊显著，鳞脐凸起有尖刺；种子卵圆形，淡褐色有斑纹。花期 4—5 月，球果第二年 10 月成熟。

分布：保护区新店保护站有栽培或野生。

用途：材用；树干可割取树脂，提取松节油；树皮可提取栲胶；松节、针叶、花粉供药用。

柏科 Cupressaceae

杉木 *Cunninghamia lanceolata*

柏科 Cupressaceae　杉木属 *Cunninghamia*

鉴别特征：乔木，高达 30 m；树皮脱落，内皮淡红色。叶披针形呈镰状，革质、竖状、竖硬，先端渐尖。雄球花圆锥状，有短梗，通常簇生枝顶；雌球花单生或集生，绿色，苞鳞横椭圆形。球果卵圆形，熟时苞鳞革质；种鳞很小，先端三裂，腹面着生 3 粒种子；种子扁平，长卵形，暗褐色，两侧边缘有窄翅；子叶 2 枚。花期 4 月，球果 10 月下旬成熟。

分布：生于向阳山坡，保护区有人工纯林或混交林。

用途：材用；树皮含单宁。

柳杉 *Cryptomeria japonica* var. *sinensis*

柏科 Cupressaceae　柳杉属 *Cryptomeria*

鉴别特征：乔木，高达 40 m；树皮脱落；大枝近轮生；小枝细长，常下垂。叶钻形，四边有气孔线。雄球花单生叶腋，长椭圆形，集生于小枝上部，成短穗状花序状；雌球花顶生于短枝上。球果圆球形或扁球形；种鳞 20 左右，上部有短三角形裂齿，能育的种鳞有 2 粒种子；种子褐色，近椭圆形，扁平，边缘有窄翅。花期 4 月，球果 10 月成熟。

分布：保护区有栽培。

用途：材用；造纸原料；园林树种。

落羽杉 *Taxodium distichum*

柏科 Cupressaceae　落羽杉属 *Taxodium*

鉴别特征：落叶乔木，在原产地高达 50 m；树干尖削度大，干基通常膨大，常有屈膝状的呼吸根。叶条形，扁平，基部扭转在小枝上列成二列，羽状。雄球花卵圆形，有短梗，在小枝顶端排列成总状花序状。球果球形，有短梗，向下斜垂，熟时淡褐黄色，有白粉；种鳞木质，盾形，顶部有纵槽；种子不规则三角形，有锐棱，褐色。球果 10 月成熟。

分布：原产北美，保护区引种栽培。

用途：材用；造林树种；园林树种。

池杉 *Taxodium distichum* var. *imbricatum*

柏科 Cupressaceae　落羽杉属 *Taxodium*

鉴别特征：乔木，在原产地高达 25 m；树干基部膨大，通常有屈膝状的呼吸根。叶钻形，微内曲，在枝上螺旋状伸展。球果圆球形，有短梗，向下斜垂，熟时褐黄色；种鳞木质，盾形；种子不规则三角形，微扁，红褐色，边缘有锐脊。花期 3—4 月，球果 10 月成熟。

分布：原产北美东南部，保护区引种栽培。

用途：材用；造林树种；园林树种。

水杉 *Metasequoia glyptostroboides*

柏科 Cupressaceae　水杉属 *Metasequoia*

鉴别特征：乔木，高达 35 m。叶条形，上面淡绿色，下面色较淡，沿中脉有两条淡黄色气孔带，叶在侧生小枝上列成二列，羽状。球果下垂，近四棱状球形；种鳞木质，盾形，交叉对生，能育种鳞有 5~9 粒种子；种子扁平，倒卵形，周围有翅，先端有凹缺；子叶 2 枚，条形。花期 2 月下旬，球果 11 月成熟。

分布：为古老稀有的珍贵树种，我国特产。保护区有栽培。

用途：材用；常见造林树种及路旁绿化树种；园林树种。

侧柏 *Platycladus orientalis*

柏科 Cupressaceae　侧柏属 *Platycladus*

鉴别特征：乔木，高达 20 余米。叶鳞形，先端微钝，小枝中央的叶的露出部分呈倒卵状菱形或斜方形，两侧的叶船形。雄球花黄色，卵圆形；雌球花近球形，蓝绿色，被白粉。球果近卵圆形，成熟前近肉质，蓝绿色，被白粉，成熟后木质，开裂，红褐色；种子卵圆形。花期 3—4 月，球果 10 月成熟。

分布：保护区有栽培。

用途：材用；药用；常见园林树种。

圆柏 *Juniperus chinensis*

柏科 Cupressaceae　刺柏属 *Juniperus*

鉴别特征：乔木，高达 20 m。叶二型，即刺叶及鳞叶；刺叶生于幼树之上，老龄树则全为鳞叶，壮龄树兼有刺叶与鳞叶；鳞叶三叶轮生，刺叶三叶交互轮生，疏松，披针形。雌雄异株，雄球花黄色，椭圆形。球果近圆球形，两年成熟，熟时暗褐色，被白粉或白粉脱落，有 1～4 粒种子；种子卵圆形，扁，顶端钝，有棱脊及少数树脂槽；子叶 2 枚。

分布：保护区有栽培。

用途：材用；树根、树干及枝叶可提取柏木脑的原料及柏木油；枝叶入药；种子可提润滑油；园林树种。

刺柏 *Juniperus formosana*

柏科 Cupressaceae　刺柏属 *Juniperus*

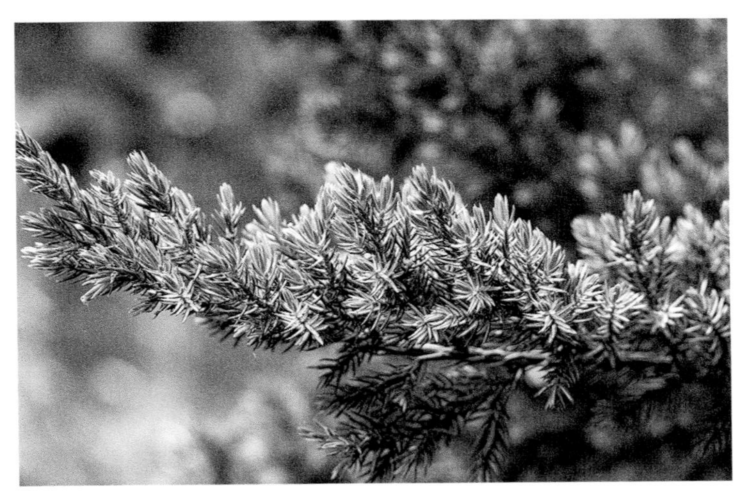

鉴别特征：乔木，高达 12 m。叶三叶轮生，条状披针形或条状刺形，上面稍凹，绿色；两侧各有 1 条白色气孔带，下面绿色，有光泽，具纵钝脊。雄球花圆球形，药隔先端渐尖，背有纵脊。球果近球形，熟时淡红褐色；种子半月圆形，具 3~4 棱脊，顶端尖。

分布：保护区新店保护站、南岗保护站的树木园有栽培。

用途：材用；园林树种；造林树种。

红豆杉科 Taxaceae

三尖杉 *Cephalotaxus fortunei*

红豆杉科 Taxaceae　三尖杉属 *Cephalotaxus*

鉴别特征：乔木，高达 20 m。叶排成两列，披针状条形，微弯。雄球花 8~10 朵聚生呈头状，总花梗粗，基部及总花梗上部有 18~24 枚苞片，每一雄球花有 6~16 枚雄蕊，花药 3 室，花丝短；雌球花的胚珠 3~8 枚发育成种子。种子椭圆状卵形，假种皮成熟时紫色，顶端有小尖头。花期 4 月，种子 8—10 月成熟。

分布：产于保护区各保护站；生于阴坡林下、沟谷杂林中。

用途：材用；叶、枝、种子、根可提取多种植物碱，药用；种仁可榨油，供工业用。

粗榧 *Cephalotaxus sinensis*

红豆杉科 Taxaceae　三尖杉属 *Cephalotaxus*

鉴别特征：小乔木，高达 12 m。叶线形，排列成两列，质地较厚，通常直。雄球花 6~7 朵聚生成头状，基部及花序梗上有多数苞片；雄球花卵圆形，基部有 1 枚苞片，雄蕊 4~11 枚，花丝短，花药多为 3 室。种子通常 2~5 粒，卵圆形，顶端中央有一小尖头。种子成熟 7—11 月。

分布：产于保护区各保护站；生于阴坡林下、沟谷杂林中。

3.3 被子植物门 Angiospermae

睡莲科 Nymphaeaceae

睡莲 *Nymphaea tetragona*

睡莲科 Nymphaeaceae　睡莲属 *Nymphaea*

鉴别特征：多年水生草本；根状茎短粗。叶纸质，心状卵形，基部具深弯缺，全缘，上面光亮，下面带红色或紫色，两面皆无毛，具小点；叶柄长。花梗细长；花萼基部四棱形，萼片革质，宽披针形，宿存；花瓣白色，宽披针形；雄蕊比花瓣短，花药条形；柱头具 5~8 条辐射线。浆果球形，为宿存萼片包裹；种子椭圆形，黑色。花期 6—8 月，果期 8—10 月。

分布：保护区内栽培或逸生，生于池沼中。

用途：根状茎含淀粉，供食用或酿酒；全草可作绿肥。

华中五味子 *Schisandra sphenanthera*

五味子科 Schisandraceae　五味子属 *Schisandra*

鉴别特征：落叶木质藤本。叶纸质，倒卵形，下面有白点；叶柄红色。花生于近基部叶腋，花梗纤细，苞片膜质，花被片5～9片，橙黄色，具缘毛，背面有腺点。雄花：雄蕊群倒卵圆形；花托圆柱形，顶端伸长；雄蕊11～19枚，顶端分开，基部近邻接。雌花：雌蕊群卵球形；雌蕊30～60枚，子房近镰刀状椭圆形。聚合果，种子长圆体形。花期4—7月，果期7—9月。

分布：产于保护区李家寨保护站、篱笆寨；生于沟谷杂林和林下。

用途：果可药用；种子榨油，可制肥皂或作润滑油。

木兰科 Magnoliaceae

鹅掌楸 *Liriodendron chinense*

木兰科 Magnoliaceae　鹅掌楸属 *Liriodendron*

鉴别特征：乔木，高达 40 m。叶马褂状，近基部每边具 1 侧裂片，先端具 2 浅裂片，下面苍白色。花杯状，花被片 9 片，外轮 3 片绿色，萼片状，向外弯垂；内两轮 6 片、直立，花瓣状、倒卵形，绿色，具黄色纵条纹，花期时雌蕊群超出花被之上，心皮黄绿色。聚合果，小坚果具翅长，具种子 1～2 颗。花期 5 月，果期 9—10 月。濒危树种。

分布：树木园有栽培。

用途：材用；叶和树皮入药。

厚朴 *Houpoea officinalis*

木兰科 Magnoliaceae　厚朴属 *Houpoea*

鉴别特征：落叶乔木，高达 20 m。叶大，近革质，聚生于枝端，长圆状倒卵形，全缘，上面绿色无毛，下面灰绿色被毛，有白粉。花白色，芳香；花被片厚肉质，外轮 3 片淡绿色，长圆状倒卵形，盛开时常向外反卷，内两轮白色，倒卵状匙形；雄蕊多数，花药内向开裂，花丝红色；雌蕊群卵圆形。聚合果卵圆形；种子三角状倒卵形。花期 5—6 月，果期 8—10 月。

分布：保护区有栽培。

用途：树皮、根皮、花、种子及芽均可入药；种子含油量 35%；材用；绿化观赏树种。

紫玉兰 *Yulania liliiflora*

木兰科 Magnoliaceae　玉兰属 *Yulania*

鉴别特征：落叶灌木，高达 3 m。叶椭圆状倒卵形，上面深绿色，下面灰绿色，沿脉有短柔毛。花叶同时开放，瓶状；花被片 9～12 片，外轮 3 片萼片状，紫绿色，常早落，内两轮肉质，外面紫色，内面白色，花瓣状；雄蕊紫红色，侧向开裂；雌蕊群淡紫色，无毛。聚合果深紫褐色，圆柱形，成熟蓇葖近圆球形，顶端具短喙。花期 3—4 月，果期 8—9 月。

分布：保护区有栽培。

用途：传统花卉；树皮、叶、花蕾均可入药；花蕾晒干后称辛夷。

红花木莲 *Manglietia insignis*

木兰科 Magnoliaceae　木莲属 *Manglietia*

鉴别特征：常绿乔木，高达 30 m。叶革质，倒披针形，上面无毛，下面中脉具红褐色柔毛。花芳香，花梗粗壮，具苞片脱落环痕，花被片 9～12 片，外轮 3 片褐色，腹面染红色，向外反曲，中内轮 6～9 片，直立，乳白色染粉红色；药隔伸出成三角尖；雌蕊群圆柱形。聚合果鲜时紫红色，卵状长圆形；蓇葖背缝全裂，具乳头状突起。花期 5—6 月，果期 8—9 月。

分布：树木园有栽培。

用途：材用；庭园观赏树种。

樟科 Lauraceae

樟 *Cinnamomum camphora*

樟科 Lauraceae　樟属 *Cinnamomum*

鉴别特征：常绿大乔木，高可达 30 m；枝、叶及木材均有樟脑味。叶互生，卵状椭圆形，边缘全缘，软骨质，有光泽，具离基三出脉。圆锥花序腋生，花绿白或带黄色，长约 3 mm。花被筒倒锥形，花被裂片椭圆形，能育雄蕊 9 枚，退化雄蕊 3 枚，位于最内轮，箭头形。子房球形。果卵球形或近球形，紫黑色；果托杯状。花期 4—5 月，果期 8—11 月。

分布：保护区内有栽培。

用途：木材及根、枝、叶可提取樟脑和樟油；果核含油量约 40%；根、果、枝和叶均可入药；材用。

檫木 *Sassafras tzumu*

樟科 Lauraceae　檫木属 *Sassafras*

鉴别特征：落叶乔木，高达 35 m。叶互生，聚集于枝顶，卵形，坚纸质。花序顶生，先叶开放。花黄色，雌雄异株。雄花：花被筒极短，花被裂片 6 片，披针形，能育雄蕊 9 枚，成三轮排列，花药卵圆状长圆形，退化雄蕊 3 枚，明显，三角状钻形。雌花：退化雄蕊 12 枚，排成四轮，子房卵珠形，柱头盘状。果近球形，成熟时蓝黑色有白粉。花期 3—4 月，果期 5—9 月。

分布：保护区栽培。

用途：材用；根和树皮入药；果、叶和根含芳香油。

山胡椒 *Lindera glauca*

樟科 Lauraceae　山胡椒属 *Lindera*

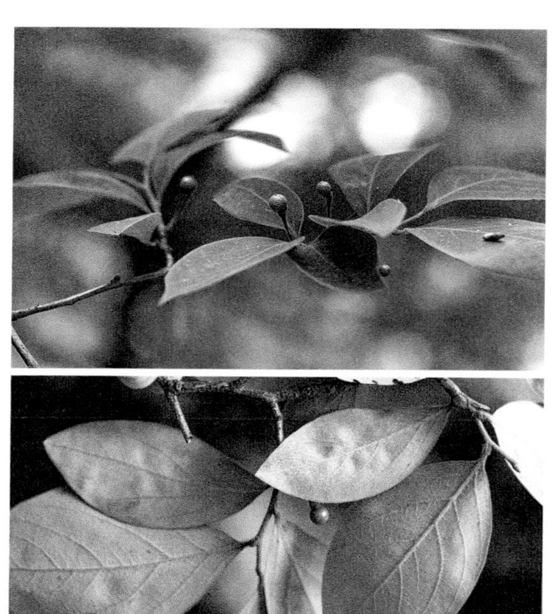

鉴别特征：落叶灌木或小乔木，高可达 8 m。叶互生，宽椭圆形，上面深绿色，下面淡绿色；被白色柔毛，纸质。伞形花序腋生，总梗短或不明显，生于混合芽中的总苞片绿色膜质，每总苞有 3~8 朵花。雄花花被片黄色，椭圆形；雄蕊 9 枚，退化雌蕊细小。雌花花被片黄色，退化雄蕊条形；子房椭圆形，柱头盘状；花期 3—4 月，果期 7—8 月。

分布：产保护区各林区；生阴坡林下或沟谷杂林中。

用途：材用；叶、果皮可提芳香油；种仁油可作肥皂和润滑油；根、枝、叶、果均为药用。

山橿 *Lindera reflexa*

樟科 Lauraceae　山胡椒属 *Lindera*

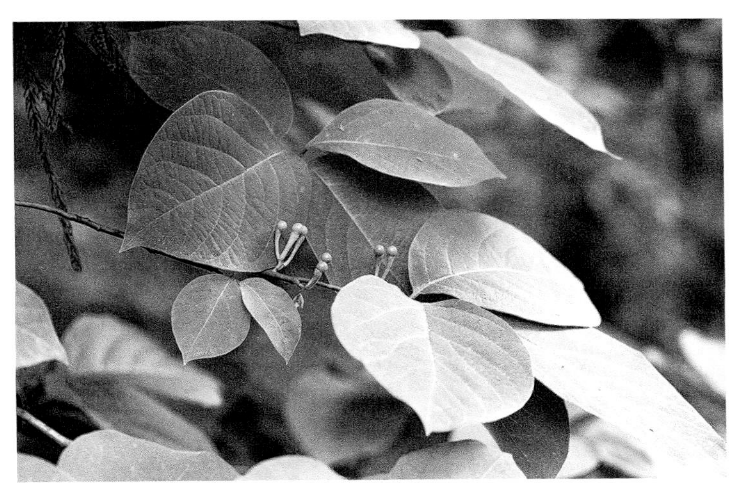

鉴别特征：落叶灌木或小乔木。叶互生，纸质，下面被白色柔毛。伞形花序着生于叶芽两侧，具总梗；总苞片 4 枚，内有花约 5 朵。雄花花被片 6 片，黄色，椭圆形，花丝无毛；退化雌蕊细小，狭角锥形。雌花花被片黄色，宽矩圆形，退化雄蕊条形；子房椭圆形，花柱与子房等长，柱头盘状。果球形，熟时红色；果梗无皮孔，被疏柔毛。花期 4 月，果期 8 月。

分布：保护区内李家寨保护站、南岗保护站、红花保护站；生阴坡林下或沟谷杂林中。

用途：根药用。

蜡梅科 Calycanthaceae

蜡梅 *Chimononthus praecox*

蜡梅科 Calycanthaceae　蜡梅属 *Chimonanthus*

鉴别特征：落叶灌木，高达 4 m。叶纸质，卵圆形。先花后叶，芳香；花被片圆形，无毛，基部有爪；花药向内弯，无毛，药隔顶端短尖，退化雄蕊长 3 mm；心皮基部被疏硬毛，花柱长达子房长的 3 倍，基部被毛。果托近木质化，坛状或倒卵状椭圆形，口部收缩，并具有被毛附生物。花期 11 月至翌年 3 月，果期 4—11 月。

分布：保护区有栽培。

用途：园林绿化植物；根、叶、花、花蕾可药用；种子含蜡梅碱。

马兜铃科 Aristolochiaceae

寻骨风 *Aristolochia mollissima*

马兜铃科 Aristolochiaceae　马兜铃属 *Aristolochia*

鉴别特征：木质藤本；嫩枝密被毛。叶纸质，卵形，全缘，被毛。花单生于叶腋，小苞片卵形，花被管中部急遽弯曲，外面密生白色绵毛；檐部盘状，圆形，有紫色网纹，边缘浅 3 裂；喉部近圆形，紫色；花药成对贴生于合蕊柱基部；合蕊柱顶端 3 裂。蒴果长圆状，具 6 条棱，成熟时自顶端向下 6 瓣开裂；种子卵状三角形。花期 4—6 月，果期 8—10 月。

分布：产于保护区各林区；生于林缘，草地和向阳山坡。

用途：全株药用。最新研究成果表明，其包含的成分马兜铃酸可致癌，慎用。

三白草科 Saururaceae

蕺菜 *Houttuynia cordata*

三白草科 Saururaceae　蕺菜属 *Houttuynia*

鉴别特征：腥臭草本，高达 60 cm；茎下部伏地，节上轮生小根，上部直立，有时带紫红色。叶薄纸质，有腺点，卵形，顶端短渐尖，基部心形；叶柄无毛；托叶膜质，下部与叶柄合生成鞘，基部扩大。总苞片长圆形，顶端钝圆；雄蕊长于子房，花丝长为花药长的 3 倍。蒴果长 2～3 mm，顶端有宿存的花柱。花期 4—7 月。

分布：产于保护区各林区；生于沟边、溪边或林下湿地上。

用途：全株入药；嫩根茎可食。

金鱼藻科 Ceratophyllaceae

金鱼藻 *Ceratophyllum demersum*

金鱼藻科 Ceratophyllaceae　金鱼藻属 *Ceratophyllum*

鉴别特征：多年生沉水草本；具分枝。叶轮生，二叉状分歧，裂片丝状。花直径约 2 毫米；苞片条形，浅绿色，透明，先端有 3 齿及带紫色毛；子房卵形，花柱钻状。坚果宽椭圆形，黑色，平滑，边缘无翅，有 3 刺，顶生刺先端具钩。花期 6—7 月，果期 8—10 月。

分布：生在池塘和河沟。

用途：可作饲料；全草药用。

天南星科 Araceae

一把伞南星 *Arisaema erubescens*

天南星科 Araceae　天南星属 *Arisaema*

鉴别特征：块茎扁球形。鳞叶有紫褐色斑纹；叶 1 枚，中部以下具鞘，鞘部红色或深绿色，叶片放射状分裂。花序柄比叶柄短，直立。佛焰苞绿色，背面有条纹，管部圆筒形；喉部边缘截形；檐部三角状卵形。肉穗花序单性，各附属器棒状，直立。雄花具短柄，雄蕊 2～4 枚，药室近球形。雌花子房卵圆形，柱头无柄。浆果红色，种子 1～2 粒，球形。花期 5—7 月，果 9 月成熟。

分布：产于保护区各林区。

用途：块茎入药。

半夏 *Pinellia ternata*

天南星科 Araceae　半夏属 *Pinellia*

鉴别特征：块茎圆球形。叶 2～5 枚；叶柄长；幼苗叶片卵状心，为全缘单叶；老株叶片 3 全裂。花序柄长于叶柄。佛焰苞绿色或绿白色。肉穗花序，雌花序长 2 cm，雄花序长 5～7 mm，其中间隔 3 mm；附属器绿色变青紫色，直立，有时“S”形弯曲。浆果卵圆形，黄绿色，先端渐狭为明显的花柱。花期 5—7 月，果 8 月成熟。

分布：产于保护区各林区。

用途：块茎药用。

眼子菜科 Potamogetonaceae

菹草 *Potamogeton crispus*

眼子菜科 Potamogetonaceae　眼子菜属 *Potamogeton*

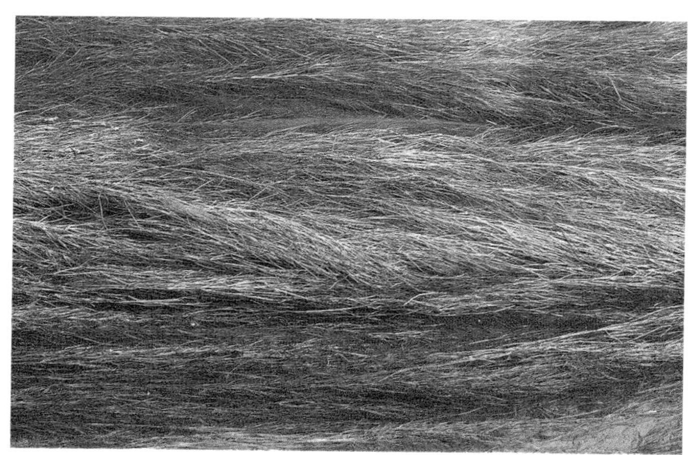

鉴别特征：多年生沉水草本。茎稍扁，多分枝。叶条形，无柄，先端钝圆，基部与托叶合生，但不形成叶鞘，叶缘具细锯齿；休眠芽腋生，略似松果，革质叶左右二列密生，基部扩张，肥厚，坚硬，边缘具有细锯齿。穗状花序顶生，具花 2~4 轮，初时每轮 2 朵对生；花序梗棒状，较茎细；花小，被片 4 片，淡绿色，雌蕊 4 枚，基部合生。果实卵形。花果期 4—7 月。

分布：产于保护区各林区；生于沼泽、沟渠、池塘等。

用途：为草食性鱼类的良好天然饵料。

渥丹 *Lilium concolor*

百合科 Liliaceae　百合属 *Lilium*

鉴别特征：鳞茎卵球形。茎高达 50 cm。叶散生，条形，两面无毛。花 1～5 朵排成近伞形；花直立，深红色，无斑点，有光泽；花被片矩圆状披针形，蜜腺两边具乳头状突起；雄蕊向中心靠拢；花丝无毛，花药长矩圆形；子房圆柱形；花柱稍短于子房，柱头稍膨大。蒴果矩圆形。花期 6—7 月，果期 8—9 月。

分布：产于保护区各林区；生于海拔 400 m 以上的山坡草地或林缘。

用途：鳞茎供食用，亦可入药；栽培观赏；花含挥发油，可提取作香料。

荞麦叶大百合 *Cardiocrinum cathayanum*

百合科 Liliaceae　大百合属 *Cardiocrinum*

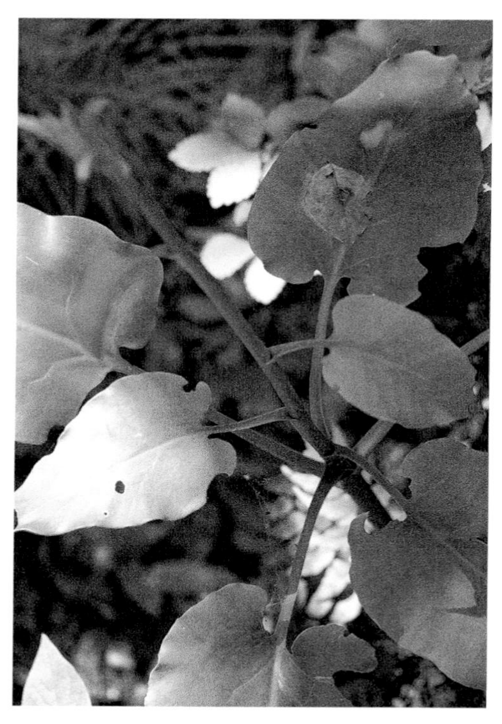

鉴别特征：小鳞茎高 2.5 cm，直径 1.2～1.5 cm。茎高达 150 cm。有基生叶及茎生叶；叶纸质，具网状脉，卵状心形。总状花序有花 3～5 朵；花梗短而粗，每花具 1 枚苞片；苞片矩圆形；花狭喇叭形，乳白色或淡绿色，内具紫色条纹；花被片条状倒披针形；子房圆柱形；柱头膨大。蒴果近球形，红棕色。种子扁平，红棕色，有膜质翅。花期 7—8 月，果期 8—9 月。

分布：产于保护区各林区；生于海拔 600 m 以上的山坡林下阴湿处。

用途：蒴果供药用。

牛尾菜 *Smilax riparia*

菝葜科 Smilacaceae　菝葜属 *Smilax*

鉴别特征：为多年生草质藤本。叶厚，形状变化较大，下面绿色，无毛；叶柄长，常在中部以下有卷须。伞形花序总花梗较纤细；小苞片在花期一般不落；雌花比雄花略小，不具或具钻形退化雄蕊。浆果。花期 6—7 月，果期 10 月。

分布：产于保护区各林区。

用途：根状茎药用；嫩苗可供蔬食。

天门冬科 Asparagaceae

天门冬 *Asparagus cochinchinensis*

天门冬科 Asparagaceae　天门冬属 *Asparagus*

鉴别特征：攀缘植物。根在中部或近末端成纺锤状膨大。茎平滑，常弯曲或扭曲，分枝具棱或狭翅。叶状枝通常每 3 枚成簇；茎上的鳞片状叶基部延伸为硬刺。花通常每 2 朵腋生，淡绿色；雄花花被长 2.5～3.0 mm，花丝不贴生于花被片上；雌花大小和雄花相似。浆果直径 6～7 mm，熟时红色，有 1 颗种子。花期 5—6 月，果期 8—10 月。

分布：产于保护区各林区；生于山坡、路旁、疏林下、山谷或荒地上。

用途：块根药用。

玉簪 *Hosta plantaginea*

天门冬科 Asparagaceae　玉簪属 *Hosta*

鉴别特征：根状茎粗厚。叶卵状心形，基部心形。花葶高达 80 cm，具几朵至十几朵花；外苞片卵形；内苞片很小；花单生或 2～3 朵簇生，白色，芳香；雄蕊与花被近等长或略短，基部贴生于花被管上。蒴果圆柱状，有三棱。花果期 8—10 月。

分布：产于保护区各林区；生于林下、草坡或岩石边。

用途：常见栽培观赏植物；全草药用；花可供蔬食或作甜菜。

山麦冬 *Liriope spicata*

天门冬科 Asparagaceae　山麦冬属 *Liriope*

鉴别特征：根稍粗，近末端处常膨大成纺锤形的肉质小块根。叶条形；花葶通常长于或几等长于叶；总状花序具多数花；花通常 3～5 朵簇生于苞片腋内；苞片小，披针形；花被片矩圆形，先端钝圆，淡紫色或淡蓝色；花药狭矩圆形；子房近球形，花柱稍弯，柱头不明显。种子近球形。花期 5—7 月，果期 8—10 月。

分布：产于保护区各林区；生于山坡、山谷林下、路旁或湿地。

用途：常见栽培观赏植物。

沿阶草 *Ophiopogon bodinieri*

天门冬科 Asparagaceae 沿阶草属 *Ophiopogon*

鉴别特征：根纤细，近末端处有时具膨大成纺锤形的小块根。茎很短。叶基生成丛，禾叶状。花葶较叶稍短；花常单生或2朵簇生于苞片腋内；苞片条形；花梗长5~8 mm，关节位于中部；花被片卵状披针形，内轮三片宽于外轮三片，白色或稍带紫色；花丝很短；花药狭披针形，常呈绿黄色；花柱细。种子近球形或椭圆形。花期6—8月，果期8—10月。

分布：产于保护区各林区；生于山坡、山谷潮湿处、沟边、灌木丛下或林下。

用途：块根药用。

玉竹 *Polygonatum odoratum*

天门冬科 Asparagaceae　黄精属 *Polygonatum*

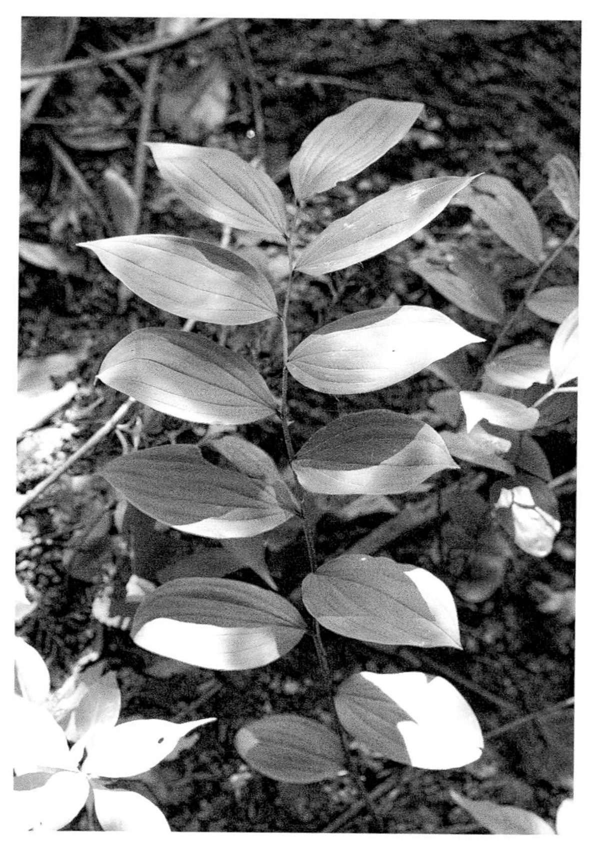

鉴别特征：根状茎圆柱形。茎高达 50 cm。叶互生，椭圆形至卵状矩圆形。花序具 1～4 朵花；花被黄绿色至白色，花被筒较直；花丝丝状，近平滑至具乳头状突起。浆果蓝黑色，具 7～9 颗种子。花期 5—6 月，果期 7—9 月。

分布：产于保护区各林区；生于林下或山野阴坡。

用途：根状茎药用。

黄精 *Polygonatum sibiricum*

天门冬科 Asparagaceae　黄精属 *Polygonatum*

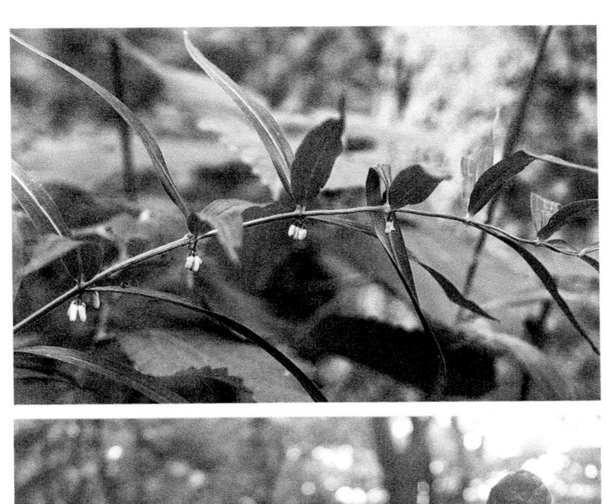

鉴别特征：根状茎圆柱状。茎高可达 1 m 以上，有时呈攀缘状。叶轮生，每轮 4~6 片，条状披针形。花序通常具 2~4 朵花，似伞状，俯垂；苞片位于花梗基部，膜质，钻形或条状披针形，具 1 条脉；花被乳白色至淡黄色，花被筒中部稍缢缩，有裂片。浆果黑色，具 4~7 颗种子。花期 5—6 月，果期 8—9 月。

分布：产于保护区各林区。

用途：根状茎药用。

石蒜科 Amaryllidaceae

山韭 *Allium senescens*

石蒜科 Amaryllidaceae　葱属 *Allium*

鉴别特征：具横生根状茎，鳞茎单生或数枚聚生，近狭卵状圆柱形；鳞茎外皮膜质，内皮白色。叶狭线条形，肥厚。花葶圆柱状，常具 2 纵棱；总苞 2 裂，宿存；伞形花序半球状至近球状，具多而稍密集的花；花紫红色至淡紫色；花丝等长，仅基部合生并与花被片贴生；子房近球状，基部无凹陷的蜜穴；花柱伸出花被外。花果期 7—9 月。

分布：产于保护区各林区；生于草甸或山坡上。

薤白 *Allium macrostemon*

石蒜科 Amaryllidaceae　葱属 *Allium*

鉴别特征：鳞茎近球状。叶 3～5 枚，半圆柱状，中空，上面具沟槽，比花葶短。花葶圆柱状；总苞 2 裂；伞形花序半球状至球状，具多而密集的花，或间具珠芽；小花梗基部具小苞片；珠芽暗紫色；花淡紫色；花被片矩圆状卵形；花丝等长，在基部合生并与花被片贴生；子房近球状，腹缝线基部具凹陷的蜜穴；花柱伸出花被外。花果期 5—7 月。

分布：产于保护区各林区。

用途：鳞茎药用、食用。

鸢尾科 Iridaceae

鸢尾 *Iris tectorum*

鸢尾科 Iridaceae　鸢尾属 *Iris*

鉴别特征：多年生草本。叶基生，宽剑形，基部鞘状。花茎光滑，高达 40 cm；花蓝紫色；花被管细长，上端膨大成喇叭形，外花被裂片圆形，爪部狭楔形，中脉上有鸡冠状附属物，内花被裂片椭圆形；花药鲜黄色；花柱淡蓝色，顶端裂片近四方形，子房纺锤状圆柱形。蒴果长椭圆形，成熟时 3 瓣裂；种子黑褐色，梨形。花期 4—5 月，果期 6—8 月。

分布：产于保护区各林区。

用途：根状茎药用；对氟化物敏感，可检测环境污染。

阿福花科 Asphodelaceae

萱草 *Hemerocallis fulva*

阿福花科 Asphodelaceae　萱草属 *Hemerocallis*

鉴别特征：根近肉质，中下部有纺锤状膨大；叶一般较宽；花早上开晚上谢，无香味，橘红色至橘黄色，内花被裂片下部一般有“∧”形彩斑。花果期为 5—7 月。

分布：产于保护区各林区。

用途：常见栽培观赏植物。

薯蓣科 Dioscoreaceae

薯蓣 *Dioscorea polystachya*

薯蓣科 Dioscoreaceae　薯蓣属 *Dioscorea*

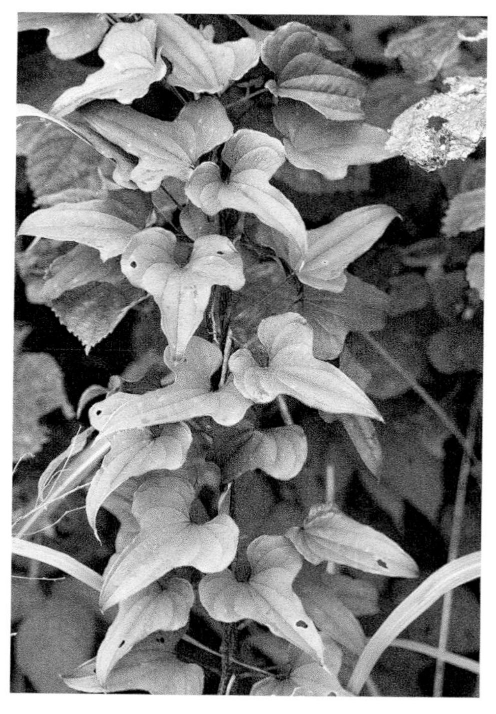

鉴别特征：缠绕草质藤本。块茎长圆柱形，垂直生长；茎常紫红色，右旋；单叶，叶片变异大，边缘常 3 裂；叶腋内常有珠芽；雌雄异株；雄花序为穗状花序，着生于叶腋；花序轴呈“之”字状曲折；苞片和花被片有紫褐色斑点；雄蕊 6 枚。雌花序为穗状花序，着生于叶腋。蒴果三棱状扁圆形，外面有白粉；种子四周有膜质翅。花期 6—9 月，果期 7—11 月。

分布：产于保护区各林区。

用途：块茎为常用的中药“淮山药”；食用。

棕榈科 Arecaceae

棕榈 *Trachycarpus fortunei*

棕榈科 Arecaceae　棕榈属 *Trachycarpus*

鉴别特征：乔木状，树干被老叶柄基部和密集的网状纤维。叶片深裂成具皱褶的线状剑形。雌雄异株。雄花序二回分枝；雄花黄绿色，卵球形；花瓣阔卵形，雄蕊 6 枚，花药卵状箭头形；雌花序上有 3 个佛焰苞包着；雌花淡绿色，通常 2~3 朵聚生；花球形，萼片阔卵形，3 裂，花瓣卵状近圆形。果实阔肾形，有脐，有白粉。花期 4 月，果期 12 月。

分布：保护区有栽培。

用途：纤维植物；嫩叶可制扇子和草帽；未开放的花苞可供食用；棕皮、叶柄、果实、叶、花及根等药用；庭园绿化树种。

鸭跖草科 Commelinaceae

鸭跖草 *Commelina communis*

鸭跖草科 Commelinaceae　鸭跖草属 *Commelina*

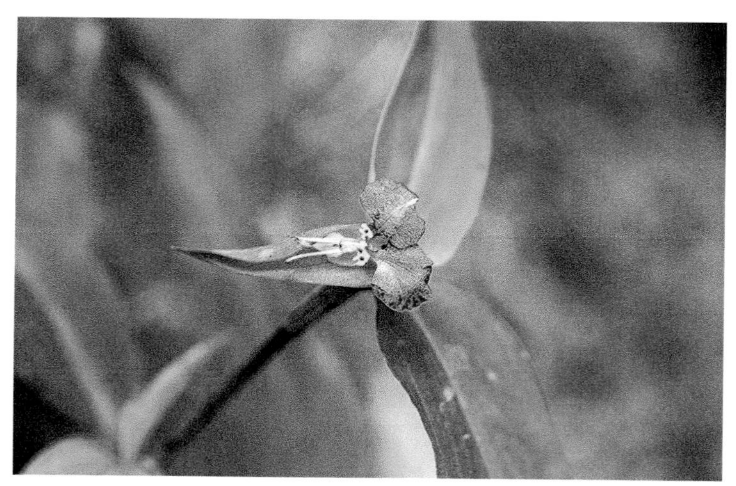

鉴别特征：一年生草本。茎匍匐生根，多分枝。叶披针形；总苞片佛焰苞状，有柄，与叶对生，折叠状；聚伞花序，下面一枝仅有花 1 朵，具长梗，不孕；上面一枝具花 3～4 朵，具短梗。萼片膜质，内面 2 枚常靠近或合生；花瓣深蓝色；内面 2 枚具爪。蒴果椭圆形，2 室，2 裂，有 4 颗种子。

分布：产于保护区各林区；生于湿地。

用途：药用。

饭包草 *Commelina benghalensis*

鸭跖草科 Commelinaceae　鸭跖草属 *Commelina*

鉴别特征：多年生披散草本。茎大部分匍匐，节上生根，被疏柔毛。叶有明显的叶柄；叶片卵形。总苞片漏斗状，与叶对生，被疏毛，柄极短；花序下面一枝具细长梗，具 1～3 朵不孕花，伸出佛焰苞，上面一枝有花数朵，结实，不伸出佛焰苞；萼片膜质，披针形；花瓣蓝色；内面 2 枚具长爪。蒴果椭圆状，3 室。种子多褶皱并有不规则网纹，黑色。花期夏秋。

分布：产于保护区各林区；生于湿地。

用途：药用。

灯心草科 Juncaceae

野灯心草 *Juncus setchuensis*

灯心草科 Juncaceae　灯心草属 *Juncus*

鉴别特征：多年生草本，高达 65 cm。茎丛生，直立，圆柱形，茎内充满白色髓心。叶全部为低出叶，鞘状；叶片退化为刺芒状。聚伞花序假侧生；总苞片生于顶端；小苞片 2 枚，三角状卵形，膜质；花淡绿色；花被片卵状披针形；雄蕊 3 枚；花药黄色；子房 1 室；花柱极短；柱头 3 分叉。蒴果卵形；种子斜倒卵形。花期 5—7 月，果期 6—9 月。

分布：产于保护区各林区；生于湿地和浅水处。

坚被灯心草 *Juncus tenuis*

灯心草科 Juncaceae　灯心草属 *Juncus*

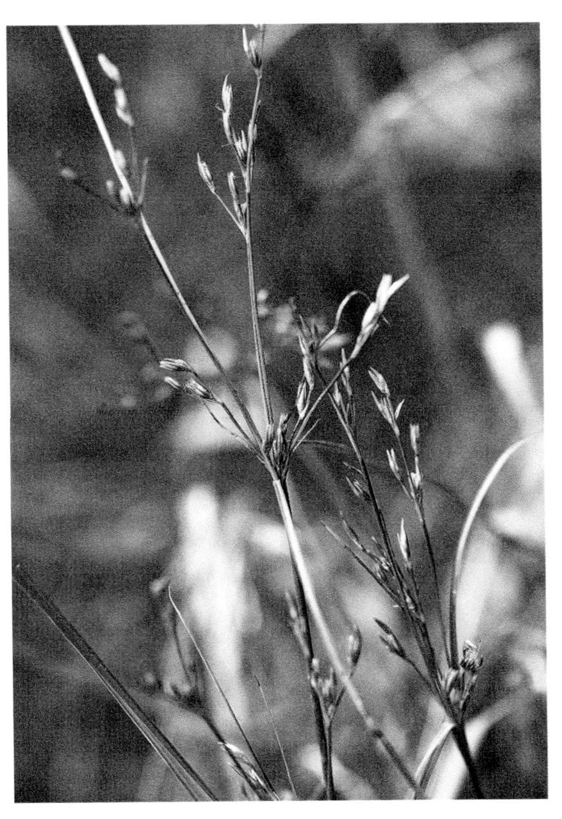

鉴别特征：多年生草本，高达 40 cm。茎丛生，直立，圆柱形。叶基生；叶片细长线形。圆锥花序顶生；叶状总苞片 2 枚，小苞片 2 枚，卵形，黄白色；花被片披针形，淡绿色，边缘膜质，中央增厚隆起；雄蕊 6 枚；花药长圆形，黄色；柱头 3 分叉，红褐色。蒴果三棱状卵形，黄绿色。种子红褐色，基部有白色短附属物。花期 6—7 月，果期 8—9 月。

分布：产于保护区各林区；生于河旁、溪边和湿草地。

笄石菖 *Juncus prismatocarpus*

灯心草科 Juncaceae　灯心草属 *Juncus*

鉴别特征：多年生草本，高达 65 cm。茎丛生。基生叶少，茎生叶 2～4 枚；叶片线形通常扁平。头状花序排列成顶生复聚伞花序，球形；叶状总苞片常 1 枚，线形；苞片多枚，宽卵形，膜质；花被片线状披针形，绿色或淡红褐色；雄蕊通常 3 枚，花药线形，淡黄色；花柱甚短，柱头 3 分叉，细长。蒴果三棱状圆锥形。种子长卵形。花期 3—6 月，果期 7—8 月。

分布：产于保护区各林区；生于田地、溪边、路旁沟边、疏林草地及山坡湿地。

卵果薹草 *Carex maackii*

莎草科 Cyperaceae　薹草属 *Carex*

鉴别特征：秆丛生，高达 70 cm。叶缘具锯齿。苞片基部为刚毛状，其余为鳞片状。小穗卵形，雌雄顺序；穗状花序长圆柱形，先端紧密，下部稍远离。雌花鳞片卵形，淡褐色。果囊长于鳞片，卵形，膜质，边缘内具海绵状组织，外具狭翅，上部具稀疏锯齿。小坚果疏松地包于果囊中，长圆形，淡棕色，具短柄；花柱基部不膨大，柱头 2 个。花果期 5—6 月。

分布：产于保护区各林区；生于溪边或湿地。

青绿薹草 *Carex breviculmis*

莎草科 Cyperaceae　薹草属 *Carex*

鉴别特征：秆丛生，高达 40 cm。叶边缘粗糙，质硬。苞片最下部为叶状，具短鞘，其余为刚毛状。顶生小穗雄性，长圆形，紧靠近其下面的雌小穗；侧生小穗雌性，长圆形。果囊倒卵形，钝三棱形，膜质，淡绿色，具多条脉，上部密被短柔毛。小坚果紧包于果囊中，卵形，栗色，顶端缢缩成环盘；花柱基部膨大成圆锥状，柱头 3 个。花果期 3—6 月。

分布：产于保护区各林区；生于山坡草地、路边或山谷沟边。

香附子 *Cyperus rotundus*

莎草科 Cyperaceae　莎草属 *Cyperus*

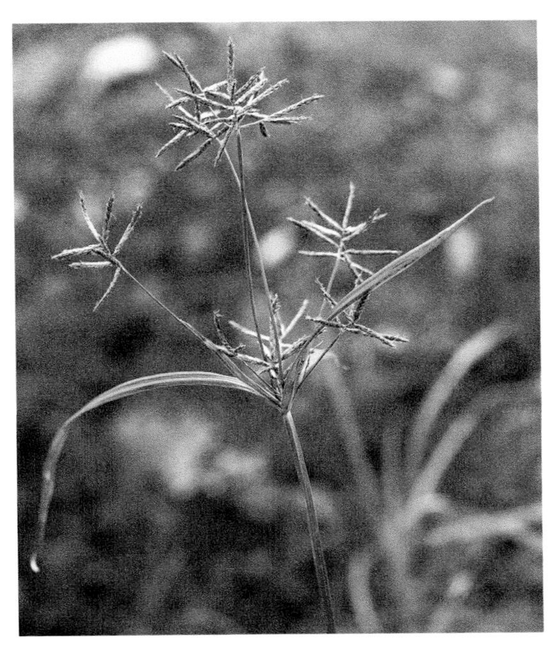

鉴别特征：具椭圆形块茎。秆高达 95 cm，锐三棱状。叶平张；鞘棕色，裂成纤维状。叶状苞片长于花序；穗状花序轮廓为陀螺形；小穗斜展开，线形；小穗轴具白色透明的翅；鳞片复瓦状排列，膜质，卵形；雄蕊 3 枚，花药长，线形，暗血红色；柱头 3 个，细长，伸出鳞片外。小坚果长圆状倒卵形，三棱状，具细点。花果期 5—11 月。

分布：产于保护区各林区；生于山坡草地、路边或山谷沟边。

用途：块茎药用。

禾本科 Poaceae

早熟禾 *Poa annua*

禾本科 Poaceae　早熟禾属 *Poa*

鉴别特征：一年生或冬性禾草。秆直立或倾斜，质软，高达 30 cm，全株无毛。叶鞘中部以下闭合；叶舌长 1～5 mm，圆头；叶片扁平或对折，质地柔软。圆锥花序宽卵形，开展；小穗卵形，含 3～5 朵小花，绿色；颖质薄，具宽膜质边缘，顶端钝，第一颖披针形、具 1 条脉，第二颖具 3 条脉；外稃卵圆形，具明显的 5 条脉；花药黄色。颖果纺锤形。花期 4—5 月，果期 6—7 月。

分布：产于保护区各林区；生于平原、丘陵的路旁草地、田野水沟或隐蔽荒坡湿地。

雀麦 *Bromus japonicus*

禾本科 Poaceae　雀麦属 *Bromus*

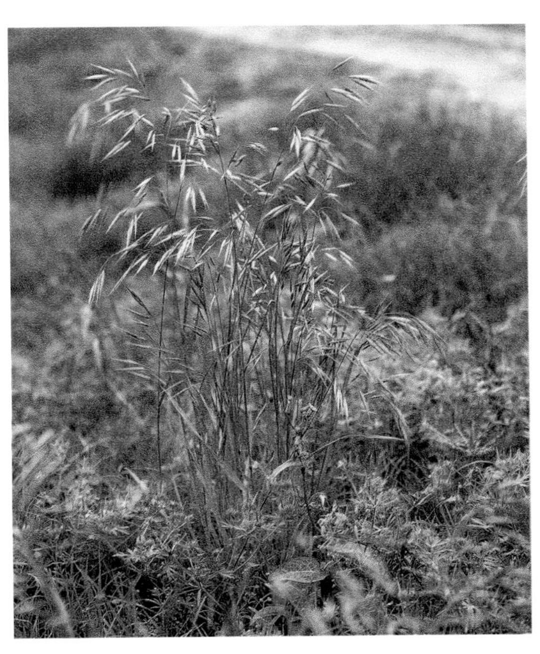

鉴别特征：一年生。秆直立，高达 90 cm。叶鞘闭合，被柔毛；叶舌先端近圆形，叶片两面生柔毛。圆锥花序疏展，向下弯垂；分枝细，上部着生 1~4 枚小穗；小穗黄绿色；颖近等长，脊粗糙，边缘膜质；外稃椭圆形，草质，边缘膜质，顶端钝三角形，芒自先端下部伸出，成熟后外弯；内稃两脊疏生细纤毛；小穗轴短棒状。颖果。花果期 5—7 月。

分布：产于保护区各林区。

柯孟披碱草 *Elymus kamoji*

禾本科 Poaceae　披碱草属 *Elymus*

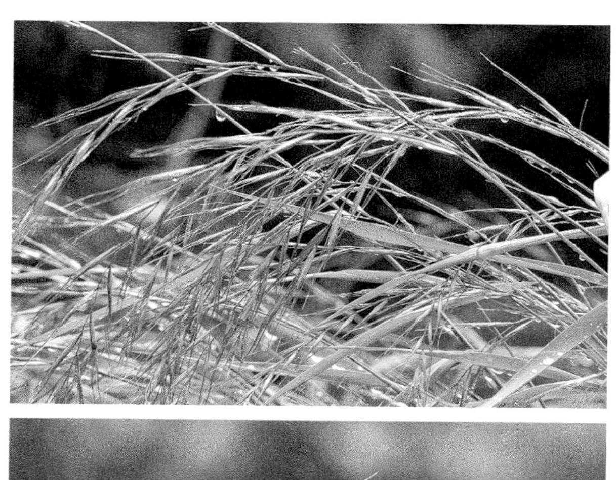

鉴别特征：秆直立或基部倾斜，高达 100 cm。叶片扁平。穗状花序；小穗绿色或带紫色，含 3～10 朵小花；颖卵状披针形，先端锐尖至具短芒，边缘为宽膜质；外稃披针形，具膜质边缘，上部具明显的 5 条脉，第一外稃端延伸成芒，芒粗糙；内稃约与外稃等长，先端钝头，脊显著具翼，翼缘具有细小纤毛。

分布：产于保护区各林区。

用途：可作饲料。

看麦娘 *Alopecurus aequalis*

禾本科 Poaceae　看麦娘属 *Alopecurus*

鉴别特征：一年生。秆细瘦，光滑，节处常膝曲，高达 40 cm。叶鞘光滑，短于节间；叶舌膜质；叶片扁平。圆锥花序圆柱状，灰绿色；小穗椭圆形或卵状长圆形；颖膜质，基部互相连合，具 3 条脉，脊上有细纤毛，侧脉下部有短毛；外稃膜质，下部边缘互相连合，芒长 1.5～3.5 cm，约于稃体下部 1/4 处伸出，隐藏或稍外露；花药橙黄色。颖果。花果期 4—8 月。

分布：产于保护区各林区；生于田边及潮湿之地。

菵草 *Beckmannia syzigachne*

禾本科 Poaceae　菵草属 *Beckmannia*

鉴别特征：一年生。秆直立，高达 90 cm，具 2~4 节。叶鞘无毛，多长于节间；叶舌透明膜质；叶片扁平。圆锥花序，分枝稀疏；小穗扁平，圆形，灰绿色，常含 1 朵小花；颖草质；边缘质薄，白色，背部灰绿色，具淡色的横纹；外稃披针形，具 5 条脉，常具伸出颖外之短尖头；花药黄色。颖果黄褐色，长圆形，先端具丛生短毛。花果期 4—10 月。

分布：产于保护区各林区；生于湿地、水沟边及浅的流水中。

虎尾草 *Chloris virgata*

禾本科 Poaceae　虎尾草属 *Chloris*

鉴别特征：一年生草本。秆直立或基部膝曲，高达 75 cm。叶鞘背部具脊，包卷松弛，无毛；叶片线形。穗状花序，指状着生于秆顶，成熟时常带紫色；小穗无柄；颖膜质，具 1 条脉；第一小花两性，外稃纸质，呈倒卵状披针形，3 条脉；内稃膜质，略短于外稃，具 2 条脊，脊上被微毛；第二小花不孕，长楔形，仅存外稃。颖果纺锤形，淡黄色。花果期 6—10 月。

分布：产于保护区各林区；多生于路旁荒野、河岸沙地、土墙及房顶上。

用途：牧草。

狗牙根 *Cynodon dactylon*

禾本科 Poaceae　狗牙根属 *Cynodon*

鉴别特征：秆细而坚韧，下部匍匐地面，节上常生不定根，直立部分高达 30 cm。叶鞘口常具毛；叶舌为一轮纤毛；叶片线形。穗状花序；小穗灰绿色，长 2.0～2.5 mm，含 1 朵小花；第二颖稍长，均具 1 条脉，背部成脊而边缘膜质；外稃舟形，具 3 条脉，背部明显成脊，脊上被毛；内稃与外稃近等长，具 2 条脉。花药淡紫色；子房无毛，柱头紫红色。颖果长圆柱形。花果期 5—10 月。

分布：产于保护区各林区。

用途：可作饲料；全草药用。

显子草 *Phaenosperma globosa*

禾本科 Poaceae　显子草属 *Phaenosperma*

鉴别特征：多年生。秆单生或少数丛生，光滑无毛，直立，坚硬，高达 150 cm。叶鞘光滑，通常短于节间；叶舌质硬；叶片宽线形。圆锥花序长 15～40 cm，分枝在下部者多轮生；小穗背腹压扁；两颖不等长；外稃具 3～5 条脉，两边脉几乎不明显；内稃略短于或近等长于外稃。颖果倒卵球形，长约 3 mm，黑褐色，表面具皱纹，成熟后露出稃外。花果期 5—9 月。

分布：产于保护区各林区；生于山坡林下、山谷溪旁及路边草丛。

荩草 *Arthraxon hispidus*

禾本科 Poaceae　荩草属 *Arthraxon*

鉴别特征：一年生。叶鞘短于节间，生短硬疣毛；叶舌膜质，边缘具纤毛；叶片卵状披针形，抱茎。总状花序细弱。无柄小穗卵状披针形；第一颖草质，边缘膜质；第二颖近膜质，舟形，脊上粗糙；第一外稃长圆形，先端尖；第二外稃与第一外稃等长，透明膜质，近基部伸出一膝曲的芒；芒下部扭转；雄蕊 2 枚；花药黄色。颖果长圆形。花果期 9—11 月。

分布：产于保护区各林区。

防己科 Menispermaceae

蝙蝠葛 *Menispermum dauricum*

防己科 Menispermaceae　蝙蝠葛属 *Menispermum*

鉴别特征：草质、落叶藤本，根状茎褐色，垂直生。叶纸质，常为心状扁圆形，边缘有 3~9 个角，两面无毛，下面有白粉。圆锥花序单生或双生，有细长的总梗，有花数朵。雄花：萼片 4~8 枚，膜质，绿黄色，倒披针形，自外至内渐大；花瓣 6~8 瓣，肉质，凹成兜状，有短爪。雄蕊通常 12 枚。雌花：雌蕊群具柄。核果紫黑色。花期 6—7 月，果期 8—9 月。

分布：产于大深沟、鸡公沟和东沟；生于路边灌丛或疏林中。

金线吊乌龟 *Stephania cepharantha*

防己科 Menispermaceae　千金藤属 *Stephania*

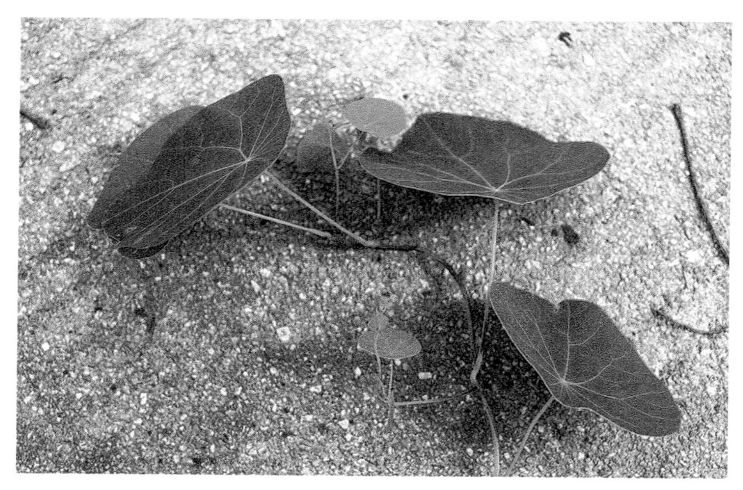

鉴别特征：草质、落叶、无毛藤本；块根团块状。叶纸质，三角状扁圆形，边全缘或多少浅波状。雌雄花序同形，均为头状花序，具盘状花托，雄花序总梗丝状，常作总状花序式排列，雌花序总梗粗壮，单个腋生。雄花：萼片 6 枚，匙形；花瓣近圆形；聚药雄蕊很短。雌花：花瓣肉质，比萼片小。核果阔倒卵圆形，成熟时红色。花期 4—5 月，果期 6—7 月。

分布：产于红花保护站、大深沟、鸡公沟；生于阴湿山坡林下及路边。

用途：块根入药；种子含油量达 19%。

木防己 *Cocculus orbiculatus*

防己科 Menispermaceae　木防己属 *Cocculus*

鉴别特征：木质藤本。叶片纸质至近革质，形状变异极大。聚伞花序少花，腋生，狭窄聚伞圆锥花序，顶生或腋生，被柔毛；雄花：小苞片 2 枚或 1 枚，紧贴花萼，被柔毛；萼片 6 片，成两轮；花瓣 6 瓣，下部边缘内折，抱着花丝，顶端 2 裂；雄蕊 6 枚，比花瓣短；雌花：萼片和花瓣与雄花相同；退化雄蕊 6 枚，微小；心皮 6 枚，无毛。核果近球形，红色至紫红色；果核骨质。

分布：产于新店保护站、南岗保护站、大深沟、鸡公沟、东沟；生于山坡疏林及林下灌丛。

风龙 *Sinomenium acutum*

防己科 Menispermaceae　风龙属 *Sinomenium*

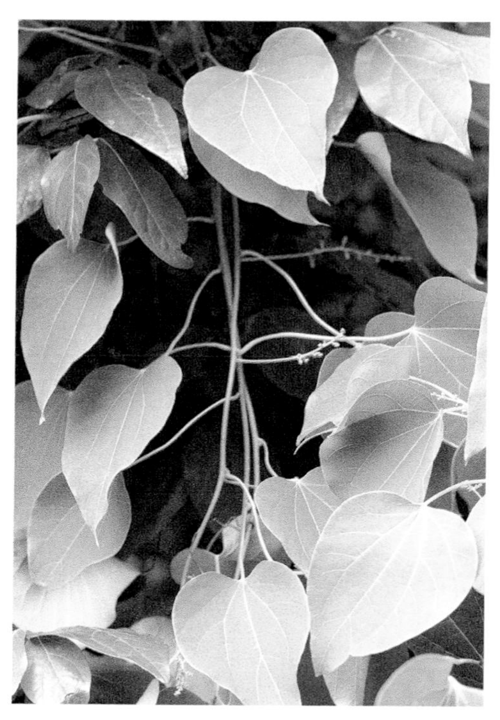

鉴别特征：木质大藤本，长可达 20 余米。叶革质至纸质，心状圆形，全缘，有角至 5~9 裂。圆锥花序长。雄花：小苞片 2 枚，紧贴花萼；萼片背面被柔毛，外轮长圆形，内轮近卵形；花瓣稍肉质；雌花：退化雄蕊丝状；心皮无毛。核果红色至暗紫色。花期夏季，果期秋末。

分布：产于保护区各林区；生于林中及路旁。

用途：根、茎药用；枝条可制藤器。

扬子毛茛 *Ranunculus sieboldii*

毛茛科 Ranunculaceae　毛茛属 *Ranunculus*

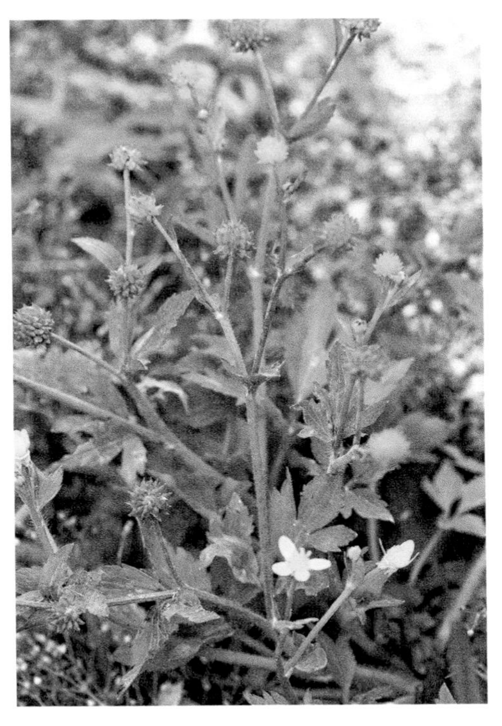

鉴别特征：多年生草本。茎铺散，斜升，高达 50 cm，多分枝，密生柔毛。3 出复叶；叶片圆肾形至宽卵形，3 浅裂至较深裂，边缘有锯齿。花与叶对生；萼片狭卵形，花期向下反折，迟落；花瓣 5 瓣，黄色或上面变白色，狭倒卵形，下部渐窄成长爪；雄蕊 20 余枚。聚合果圆球形；瘦果扁平，无毛，边缘有宽棱。花果期 5—10 月。

分布：产于保护区各林区；生于池塘、沟渠、沼泽湿地。

用途：全草药用。

罂粟科 Papaveraceae

博落回 *Macleaya cordata*

罂粟科 Papaveraceae　博落回属 *Macleaya*

鉴别特征：直立草本，具乳黄色浆汁。茎高达 4 m，光滑，多白粉。叶片宽卵形，深裂或浅裂。大型圆锥花序多花；苞片狭披针形。花芽棒状，近白色；萼片倒卵状长圆形，舟状，黄白色；花瓣无；雄蕊 24～30 枚，花丝丝状，花药条形；子房倒卵形，柱头 2 裂。蒴果狭倒卵形，无毛。种子卵珠形，生于缝线两侧，无柄，种皮具蜂窝状孔穴，有种阜。花果期 6—11 月。

分布：产于保护区各林区；生于山坡路旁和荒地。

用途：全草有大毒，可药用；可作农药。

小花黄堇 *Corydalis racemosa*

罂粟科 Papaveraceae　紫堇属 *Corydalis*

鉴别特征：丛生草本，高达 50 cm。基生叶具长柄，常早枯萎。茎生叶具短柄，叶片三角形，上面绿色，下面灰白色，二回羽状全裂。总状花序，密具多花。花黄色，萼片小，卵圆形，早落。外花瓣不宽展，无鸡冠状突起。子房线形，近扭曲；柱头宽浅，具 4 个乳突。蒴果线形，具 1 列种子。种子黑亮，近肾形，具短刺状突起，种阜三角形。

分布：产于保护区各林区；生于海拔 400 m 以上的林缘阴湿地或多石溪边。

用途：全草药用。

刻叶紫堇 *Corydalis incisa*

罂粟科 Papaveraceae　紫堇属 *Corydalis*

鉴别特征：直立草本，高达 60 cm。根茎短而肥厚。叶具长柄，基部具鞘；叶片二回三出，一回羽片具短柄，二回羽片近无柄，3 深裂，裂片具缺刻状齿。总状花序，苞片具缺刻状齿。萼片小，丝状深裂；花紫红色至紫色，大小的变异幅度较大。外花瓣顶端圆钝，具鸡冠状突起；内花瓣顶端深紫色。柱头近扁四方形。蒴果线形至长圆形，具 1 列种子。

分布：产于保护区各林区；生于旷野、路旁、林缘和草地。

用途：全草药用。

石竹科 Caryophyllaceae

无心菜 *Arenaria serpyllifolia*

石竹科 Caryophyllaceae　无心菜属 *Arenaria*

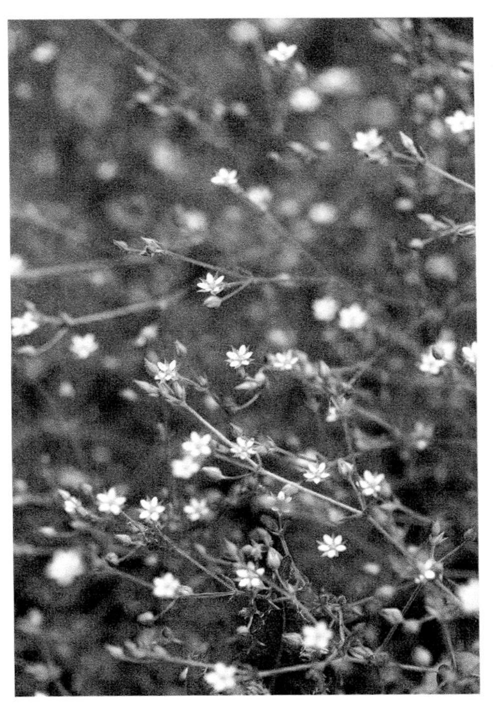

鉴别特征：一年生草本，高达 30 cm。茎丛生，密被白色柔毛。叶卵形，两面疏被柔毛，具缘毛。聚伞花序顶生或腋生；苞片与叶同形。花梗细直，萼片 5 枚，卵状披针形，具 3 对脉，被柔毛或腺毛；花瓣 5 瓣，白色，倒卵形，短于萼片，全缘；雄蕊 10 枚，短于萼片；花柱 3 个。蒴果卵圆形，顶端 6 裂。种子肾形，淡褐色，具短条状凸起。花期 4—6 月，果期 5—7 月。

分布：产于保护区各林区；生于荒地、田野、园圃及山坡草地。

用途：全草入药。

鹅肠菜 *Myosoton aquaticum*

石竹科 Caryophyllaceae　鹅肠菜属 *Myosoton*

鉴别特征：二年生或多年生草本。茎长达 80 cm。叶片卵形；上部叶疏生柔毛。顶生二歧聚伞花序；苞片叶状，边缘具腺毛；花梗细，密被腺毛；萼片卵状披针形，边缘狭膜质，外面被腺柔毛；花瓣白色，2 深裂至基部；雄蕊 10 枚，稍短于花瓣；子房长圆形，花柱短，线形。蒴果卵圆形；种子近肾形，稍扁，褐色，具小疣。花期 5—8 月，果期 6—9 月。

分布：保护区内常见；生于旷野、路旁和向阳山坡。

用途：药用；幼苗可作野菜和饲料。

中国繁缕 *Stellaria chinensis*

石竹科 Caryophyllaceae　繁缕属 *Stellaria*

鉴别特征：多年生草本，高达 100 cm。茎细弱，散铺或上升，具四棱，无毛。叶片卵形至卵状披针形，全缘，两面无毛；叶柄被长柔毛。聚伞花序疏散，具细长花序梗；萼片 5 枚，披针形；花瓣 5 瓣，白色，2 深裂，与萼片近等长；雄蕊 10 枚；花柱 3 个。蒴果卵圆形，比宿存萼稍长，6 齿裂；种子卵圆形，稍扁，褐色，具乳头状凸起。花期 5—6 月，果期 7—8 月。

分布：产于保护区各林区，生于海拔 500 m 以上的灌丛或林下、石缝或湿地。

用途：全草入药；可作饲料。

繁缕 *Stellaria media*

石竹科 Caryophyllaceae　繁缕属 *Stellaria*

鉴别特征：一年生或二年生草本，高达 30 cm。茎俯仰或上升，被毛。叶片宽卵形或卵形，全缘；基生叶具长柄，上部叶常无柄。疏聚伞花序顶生；花梗细弱，具短毛；萼片 5 枚，卵状披针形；花瓣白色，长椭圆形，深 2 裂达基部；雄蕊 3～5 枚，花柱 3 个，线形。蒴果卵形，顶端 6 裂，具多数种子；种子卵圆形，稍扁，表面具半球形瘤状凸起。花期 6—7 月，果期 7—8 月。

分布：保护区内常见；生于旷野、路旁及向阳山坡。

用途：茎、叶及种子药用。

箐姑草 *Stellaria vestita*

石竹科 Caryophyllaceae　繁缕属 *Stellaria*

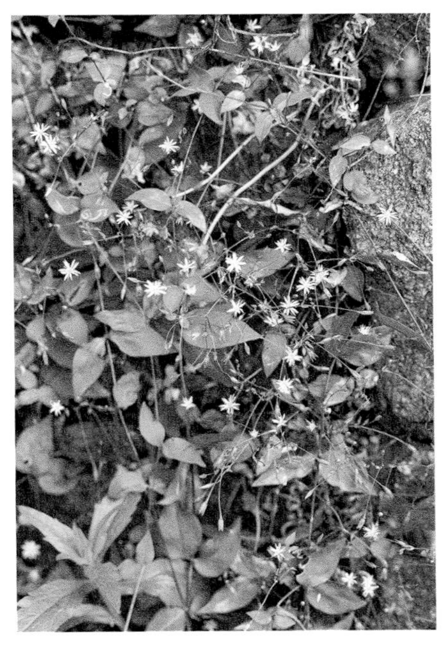

鉴别特征：多年生草本，高达 60 cm，全株被星状毛。茎丛生，散铺。叶片卵形，全缘，下面中脉明显。聚伞花序疏散，具长花序梗；苞片草质，卵状披针形；萼片 5 枚，披针形，边缘膜质，具 3 条脉；花瓣 5 瓣，2 深裂近基部；裂片线形；雄蕊 10 枚；花柱 3 个，稀时 4 个。蒴果卵圆形，6 齿裂；种子多数，肾脏形，细扁，脊具疣状凸起。花期 4—6 月，果期 6—8 月。

分布：产于保护区各林区；生于灌丛或林下、石缝或湿地。

用途：全草药用。

女娄菜 *Silene aprica*

石竹科 Caryophyllaceae　蝇子草属 *Silene*

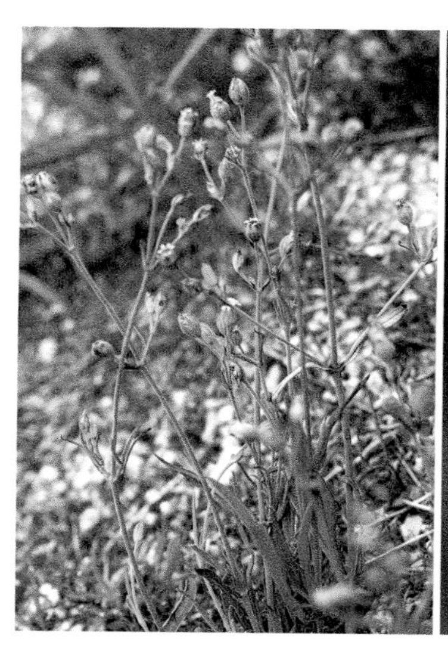

鉴别特征：一年生或二年生草本，高达 70 cm，全株密被柔毛。叶片倒披针形，茎生叶比基生叶稍小。圆锥花序；苞片披针形，草质；花萼卵状钟形，近草质，密被短柔毛，纵脉绿色，萼齿三角状披针形，具缘毛；花瓣白色或淡红色，倒披针形，爪具缘毛，瓣片倒卵形，2 裂；副花冠片舌状。蒴果卵形；种子圆肾形，肥厚，具小瘤。花期 5—7 月，果期 6—8 月。

分布：产于保护区各林区；生于林下、林缘或草地。

用途：全草药用。

麦蓝菜 *Vaccaria hispanica*

石竹科 Caryophyllaceae　麦蓝菜属 *Vaccaria*

鉴别特征：一年生草本，高达 70 cm。茎上部分枝，无毛。叶卵状披针形，具 3 条脉，被白粉。伞房状聚伞花序。花梗细，苞片披针形；花萼具 5 棱，绿色，棱间近膜质，后期膨大呈球形，萼齿三角形；花瓣淡红色，爪窄楔状，瓣片窄倒卵形，微凹；雄蕊内藏；花柱线形，微伸出。蒴果宽卵球形。种子近球形，具粒状凸起。花期 4—7 月，果期 5—8 月。

分布：产于保护区各林区；生于草坡和荒地。

用途：种子入药。

商陆科 Phytolaccaceae

商陆 *Phytolacca acinosa*

商陆科 Phytolaccaceae　商陆属 *Phytolacca*

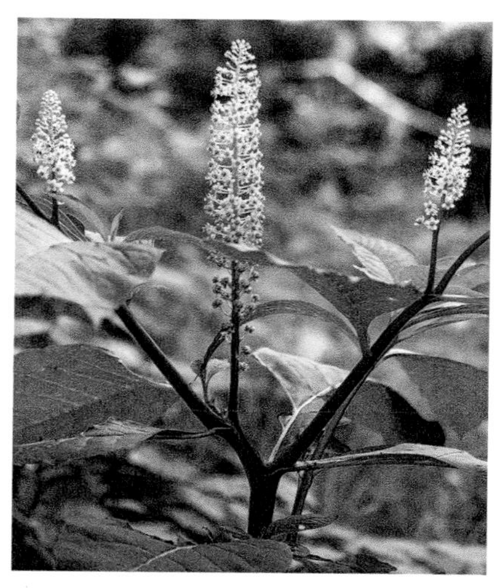

鉴别特征：多年生草本，高达 1.5 m。根肉质，倒圆锥形。茎圆柱形，具纵沟，肉质，多分枝。叶薄纸质，椭圆形，两面疏被白色斑点（针晶体）。总状花序圆柱状，直立，多花密生。花两性，花被片 5 片，花后常反折；雄蕊 8～10 枚，花丝白色，花药椭圆形，粉红色。果序直立；浆果扁球形，紫黑色。种子肾形，黑色，具 3 棱，平滑。花期 5—8 月，果期 6—10 月。

分布：产于保护区各林区；生于海拔 500 m 以上的沟谷、山坡林下、林缘和路边。

用途：根药用，也可作农药；果含鞣质，可提取栲胶；嫩茎叶可食。

皱果苋 *Amaranthus viridis*

苋科 Amaranthaceae　苋属 *Amaranthus*

鉴别特征：一年生草本，高达 80 cm，全株无毛；茎直立，稍有分枝。叶片卵形，全缘。圆锥花序顶生，有分枝，由穗状花序形成，圆柱形，细长，直立；苞片及小苞片披针形，长不及 1 mm；花被片矩圆形，内曲；雄蕊比花被片短；柱头 3 个或 2 个。胞果扁球形，绿色，不裂，极皱缩，超出花被片。种子近球形，具环状边缘。花期 6—8 月，果期 8—10 月。

分布：产于保护区各林区；生于路旁和田野间。

用途：嫩茎叶可作野菜食用，也可作饲料；全草入药。

青葙 *Celosia argentea*

苋科 Amaranthaceae　青葙属 *Celosia*

鉴别特征：一年生草本，高达 1 m；茎具明显条纹。叶片矩圆披针形，绿色常带红色，具小芒尖。花多数，密生，在茎端或枝端成塔状穗状花序；苞片披针形，白色，光亮；花被片矩圆状披针形，初为白色顶端带红色，后成白色；花丝部分分离，花药紫色；子房有短柄，花柱紫色。胞果卵形，包裹在宿存花被片内。种子凸透镜状肾形。花期 5—8 月，果期 6—10 月。

分布：产于保护区各林区；生于平原、田边、丘陵和山坡。

用途：种子药用及食用；花序宿存经久不凋，可供观赏；嫩茎叶可作野菜食用；全株可作饲料。

牛膝 *Achyranthes bidentate*

苋科 Amaranthaceae　牛膝属 *Achyranthes*

鉴别特征：多年生草本，高达 1.2 m。几无毛，节部膝状膨大，有分枝。叶椭圆形或椭圆状披针形，两面被柔毛；穗状花序腋生及顶生，花期后反折贴近花序梗；苞片宽卵形，小苞片刺状，基部具卵形膜质裂片。花被片 5 片，绿色；雄蕊 5 枚，基部合生，退化雄蕊顶端平圆，具缺刻状细齿。胞果长圆形。花期 7—9 月，果期 9—10 月。

分布：产于保护区各林区；生于山坡林下。

用途：根入药。

喜旱莲子草 *Alternanthera philoxeroides*

苋科 Amaranthaceae　莲子草属 *Alternanthera*

鉴别特征：多年生草本；茎匍匐，上部上升，长达 1.2 m，具分枝，幼茎及叶腋被白色或锈色柔毛，老时无毛。叶长圆形，全缘。头状花序具花序梗，单生叶腋；苞片白色，卵形，具 1 条脉。花被片长圆形，白色，光亮，无毛；雄蕊花丝基部连成杯状；退化雄蕊舌状，顶端流苏状；子房倒卵形，具短柄，侧扁，顶端圆。花期 5—6 月。

分布：原产巴西，我国引种，后逸为野生；生于保护区内池沼和水沟旁。

用途：全草入药；可作饲料。

藜 *Chenopodium album*

苋科 Amaranthaceae　藜属 *Chenopodium*

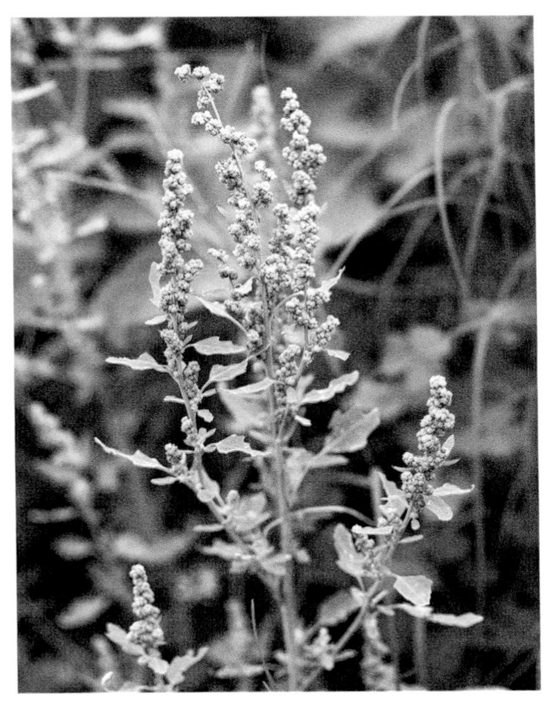

鉴别特征：一年生草本，高达 150 cm。茎具条棱及色条。叶片菱状卵形，下面多少有粉，边缘具锯齿。花两性，穗状圆锥状；花被裂片 5 片，背面具纵隆脊，有粉状物，边缘膜质；雄蕊 5 枚，花药伸出花被，柱头 2 个。果皮与种子贴生。种子横生，双凸镜状，边缘钝，黑色，有光泽；胚环形。花果期 5—10 月。

分布：产于保护区各林区；生于路旁、荒地及田间。

用途：幼苗可作蔬菜用；茎叶可喂家畜；全草入药。

马齿苋科 Portulacaceae

马齿苋 *Portulaca oleracea*

马齿苋科 Portulacaceae　马齿苋属 *Portulaca*

鉴别特征：一年生草本；全株无毛。茎平卧或斜倚，铺散，多分枝，圆柱形。叶互生或近对生，扁平肥厚，倒卵形。花无梗，常 3～5 朵簇生枝顶，午时盛开；叶状膜质苞片 2～6 枚，近轮生。萼片 2 枚，对生，绿色，盔形；花瓣 5 瓣，黄色；雄蕊 8 枚或更多，花药黄色，子房无毛。蒴果，种子黑褐色，具小疣。花期 5—8 月，果期 6—9 月。

分布：保护区内常见。

用途：全草供药用；还可作兽药和农药；嫩茎叶可作蔬菜食用，也可作饲料。

酸模 *Rumex acetosa*

蓼科 Polygonaceae　酸模属 *Rumex*

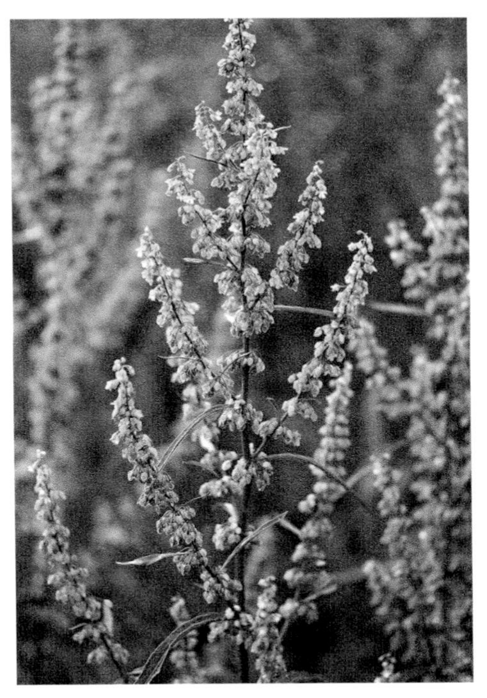

鉴别特征：多年生草本，高达 80 cm。根为须根。基生叶及茎下部叶箭形，先端尖或圆钝，基部裂片尖，全缘或微波状，有叶柄；茎上部叶较小。花单性，雌雄异株；窄圆锥状花序顶生，花梗中部具关节；雄花花被片椭圆形；雌花外花被片椭圆形，果时反折，内花被片果时增大，基部心形，具小瘤。瘦果椭圆形，具 3 锐棱。花期 5—7 月，果期 6—8 月。

分布：产于保护区各林区。生于山坡、林缘、沟边和路旁。

用途：全草药用；嫩茎、叶可作蔬菜及饲料。

金荞麦 *Fagopyrum dibotrys*

蓼科 Polygonaceae　荞麦属 *Fagopyrum*

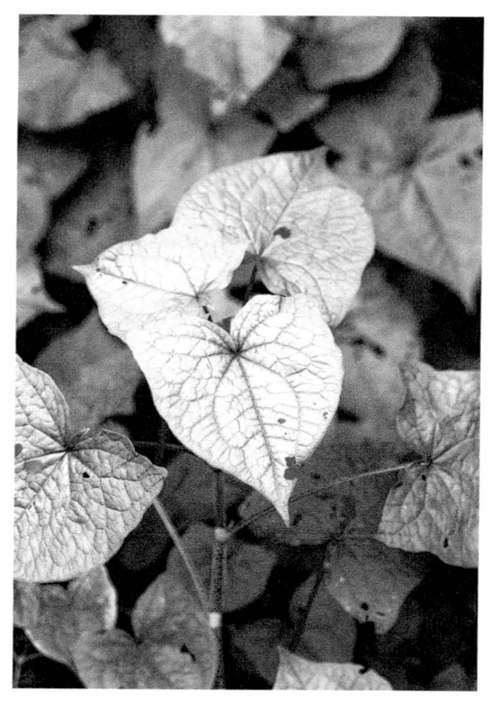

鉴别特征：多年生草本。茎直立，高达 100 cm。叶三角形，全缘，两面具乳头状突起或被柔毛；叶柄长；托叶鞘筒状，膜质。花序伞房状，苞片卵状披针形，边缘膜质，每苞内具 2~4 朵花；花梗中部具关节；花被 5 深裂，白色，花被片长椭圆形，雄蕊 8 枚，花柱 3 个，柱头头状。瘦果宽卵形，具 3 锐棱，超出宿存花被 2~3 倍。花期 7—9 月，果期 8—10 月。

分布：产于保护区武胜关保护站、红花保护站；生于林缘、草地、旷野和路旁。

用途：块根药用。

虎杖 *Reynoutria japonica*

蓼科 Polygonaceae　虎杖属 *Reynoutria*

鉴别特征：多年生草本。根状茎粗壮，横走。茎高达 2 m，粗壮，空心，具纵棱，具小突起，散生红色或紫红斑点。叶宽卵形，全缘无毛；托叶鞘膜质，具纵脉，常破裂，早落。花单性，雌雄异株，花序圆锥状，腋生；苞片漏斗状，每苞内具 2~4 朵花；花被 5 深裂，淡绿色，雄蕊 8 枚，花柱 3 个，柱头流苏状。瘦果卵形，具 3 棱，包于宿存花被内。花期 8—9 月，果期 9—10 月。

分布：产于保护区各林区；生于水边、林缘、草地。

用途：根状茎药用。

酸模叶蓼 *Polygonum lapathifolium*

蓼科 Polygonaceae　蓼属 *Polygonum*

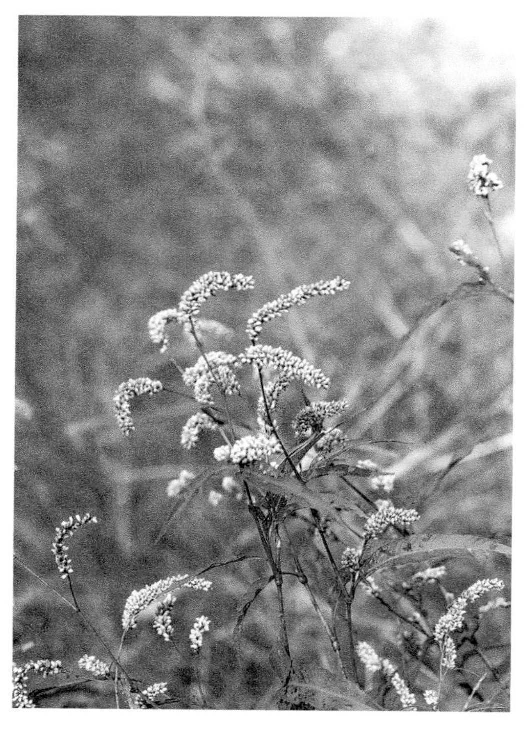

鉴别特征：一年生草本，高达 90 cm。茎分枝，无毛，节部膨大。叶披针形，上面常具黑褐色新月形斑点，具粗缘毛。数个穗状花序组成圆锥状，花序梗被腺体；苞片漏斗状，疏生缘毛。花被深裂，淡红或白色，花被片椭圆形，顶端分叉，外弯；雄蕊 6 枚；花柱 2 个。瘦果宽卵形，扁平，双凹，黑褐色，包于宿存花被内。花期 6—8 月，果期 7—9 月。

分布：产于保护区各林区；生于田边、路旁、水边、荒地或沟边湿地。

萹蓄 *Polygonum aviculare*

蓼科 Polygonaceae　蓼属 *Polygonum*

鉴别特征：一年生草本，高达 40 cm，多分枝，具纵棱。叶椭圆形，全缘无毛；托叶鞘膜质，撕裂脉明显。花单生或数朵簇生于叶腋，遍布于植株；苞片薄膜质；花梗细，顶部具关节；花被 5 深裂，花被片椭圆形，绿色；雄蕊 8 枚，花丝基部扩展；花柱 3 个。瘦果卵形，具 3 棱，密被由小点组成的细条纹。花期 5—7 月，果期 6—8 月。

分布：产于保护区各林区；生于田边、路边或沟边湿地。

用途：全草药用。

长鬃蓼 *Polygonum longisetum*

蓼科 Polygonaceae　蓼属 *Polygonum*

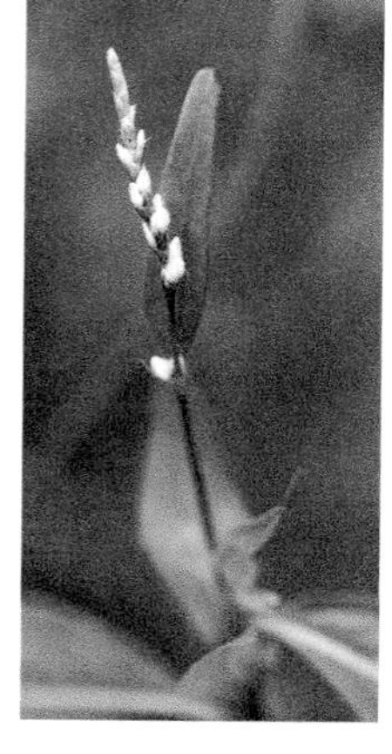

鉴别特征：一年生草本。茎高达 60 cm，无毛。叶披针形，上面近无毛，下面沿叶脉具短伏毛，边缘具缘毛。总状花序呈穗状，细弱，下部间断，直立；苞片漏斗状，每苞内具 5~6 朵花；花被 5 深裂，淡红色或紫红色，花被片椭圆形；雄蕊 6~8 枚；花柱 3 个，中下部合生，柱头头状。瘦果宽卵形，具 3 棱，黑色，有光泽，包于宿存花被内。花期 6—8 月，果期 7—9 月。

分布：产于保护区各林区；生于山谷水边及河边草地。

用途：全草供药用，有通经利尿、清热解毒功效。

刺蓼 *Polygonum senticosum*

蓼科 Polygonaceae　蓼属 *Polygonum*

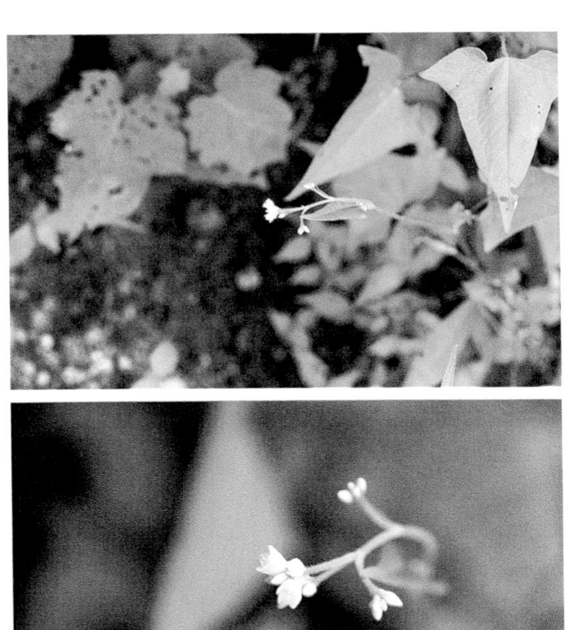

鉴别特征：茎攀缘，长达 1.5 m，四棱形，具倒生皮刺。叶片三角形，两面被毛，下面沿叶脉具倒生皮刺，边缘具缘毛；托叶鞘筒状，边缘具叶状翅。花序头状；苞片长卵形，淡绿色，边缘膜质，每苞内具花 2～3 朵；花被 5 深裂，淡红色；雄蕊 8 枚，排成 2 轮；花柱 3 个，中下部合生。瘦果近球形，无光泽，包于宿存花被内。花期 6—7 月，果期 7—9 月。

分布：产于保护区各林区；生于山坡、山谷及林下。

尼泊尔蓼 *Polygonum nepalense*

蓼科 Polygonaceae　蓼属 *Polygonum*

鉴别特征：一年生草本。茎高达 40 cm。茎下部叶卵形，沿叶柄下延成翅，疏生黄色透明腺点，上部叶较小；托叶鞘筒状，基部具刺毛。花序头状，基部常具 1 片叶状总苞片；苞片卵状椭圆形，苞内具 1 朵花；花被常 4 裂，淡紫红色；雄蕊 5~6 枚，花药暗紫色；花柱 2 个，下部合生。瘦果宽卵形，双凸镜状，黑色，密生洼点，包于宿存花被内。花期 5—8 月，果期 7—10 月。

分布：产于保护区各林区；生于山坡草地、山谷路旁。

稀花蓼 *Polygonum dissitiflorum*

蓼科 Polygonaceae　蓼属 *Polygonum*

鉴别特征：一年生草本。茎分枝，具稀疏倒生短皮刺，通常疏生星状毛，高达100 cm。叶卵状椭圆形。花序圆锥状，花稀疏，间断，花序梗细，紫红色，密被紫红色腺毛；苞片漏斗状，包围花序轴，绿色，每苞内具1~2朵花；花被5深裂，淡红色；雄蕊7~8枚；花柱3个，中下部合生。瘦果近球形，包于宿存花被内。花期6—8月，果期7—9月。

分布：产于保护区各林区；生于河边湿地、山谷草丛。

虎耳草科 Saxifragaceae

虎耳草 *Saxifraga stolonifera*

虎耳草科 Saxifragaceae　虎耳草属 *Saxifraga*

鉴别特征：多年生草本，高达 45 cm。基生叶具长柄，叶片近心形，腹面绿色，背面通常红紫色，有斑点；茎生叶披针形。聚伞花序圆锥状，花梗细弱；花两侧对称；萼片卵形；花瓣白色，中上部具紫红色斑点，基部具黄色斑点，5 枚，其中 3 枚较短，另 2 枚较长。花丝棒状；花盘半环状；2 枚心皮下部合生；子房卵球形，花柱 2 个，叉开。花果期 4—11 月。

分布：产于保护区各林区；生于林下、灌丛、草甸和阴湿岩隙。

用途：全草入药。

轮叶八宝 *Hylotelephium verticillatum*

景天科 Crassulaceae　八宝属 *Hylotelephium*

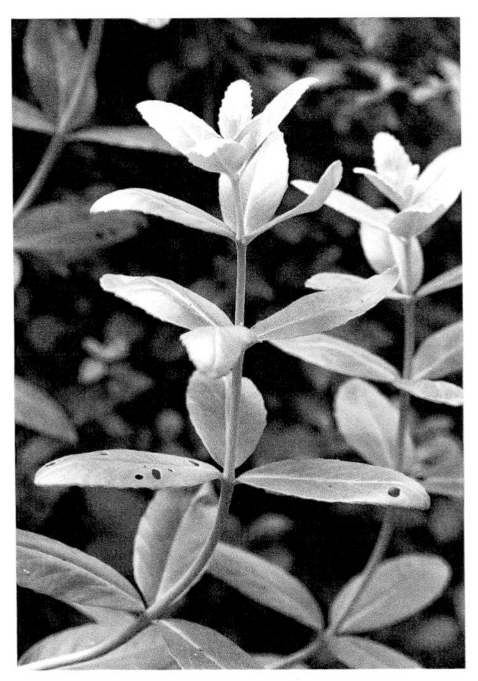

鉴别特征：多年生草本。茎高达 50 cm，直立，不分枝。4 叶轮生，下部的常为 3 枚叶轮生或对生，长圆状披针形，边缘有整齐的疏牙齿。聚伞状伞房花序顶生；花密生，半圆球形；花瓣 5 瓣，淡绿色至黄白色，长圆状椭圆形；雄蕊 10 枚；鳞片 5 枚，线状楔形；心皮 5 枚，倒卵形至长圆形，花柱短。种子狭长圆形。花期 7—8 月，果期 9 月。

分布：产于保护区李家寨保护站、大深沟。生于山坡草丛中或沟边阴湿处。

用途：全草药用。

珠芽景天 *Sedum bulbiferum*

景天科 Crassulaceae　景天属 *Sedum*

鉴别特征：多年生草本。根须状。茎高达 22 cm，茎下部常横卧。叶腋常有圆球形、肉质、小形珠芽着生。基部叶常对生，上部叶互生。花序聚伞状，分枝 3 叉，常再二歧分枝；萼片 5 枚，披针形至倒披针形；花瓣 5 瓣，黄色，披针形；雄蕊 10 枚；心皮 5 枚，略叉开，基部合生。花期 4—5 月。

分布：产于保护区各林区；生于阴湿岩石腐土。

垂盆草 *Sedum sarmentosum*

景天科 Crassulaceae　景天属 *Sedum*

鉴别特征：多年生草本。不育枝及花茎细，匍匐而节上生根，长达 25 cm。3 叶轮生，叶倒披针形至长圆形，有距。聚伞花序，有 3～5 个分枝，花少；花无梗；萼片 5 枚，披针形至长圆形；花瓣 5 瓣，黄色，披针形至长圆形；雄蕊 10 枚；鳞片 10 枚，楔状四方形；心皮 5 枚，长圆形，有长花柱。种子卵形。花期 5—7 月，果期 8 月。

分布：产于保护区各林区；生于阴湿岩石、腐土。

用途：全草药用。

金缕梅科 Hamamelidaceae

枫香树 *Liquidambar formosana*

金缕梅科 Hamamelidaceae　枫香树属 *Liquidambar*

鉴别特征：落叶乔木，高达 30 m。叶薄革质，阔卵形，掌状 3 裂；边缘有锯齿；托叶线形，红褐色，被毛，早落。雄性短穗状花序常排成总状，雄蕊多数。雌性头状花序，有花序柄；萼齿针形，子房下半部藏在头状花序轴内，花柱先端常卷曲。头状果序圆球形，木质，有宿存花柱及针刺状萼齿。种子多数，褐色，多角形或有窄翅。

分布：产于保护区新店保护站、南岗保护站和李家寨保护站；保护区有栽培，性喜阳光。

用途：树脂、根、叶及果实药用；材用。

牛鼻栓 *Fortunearia sinensis*

金缕梅科 Hamamelidaceae　牛鼻栓属 *Fortunearia*

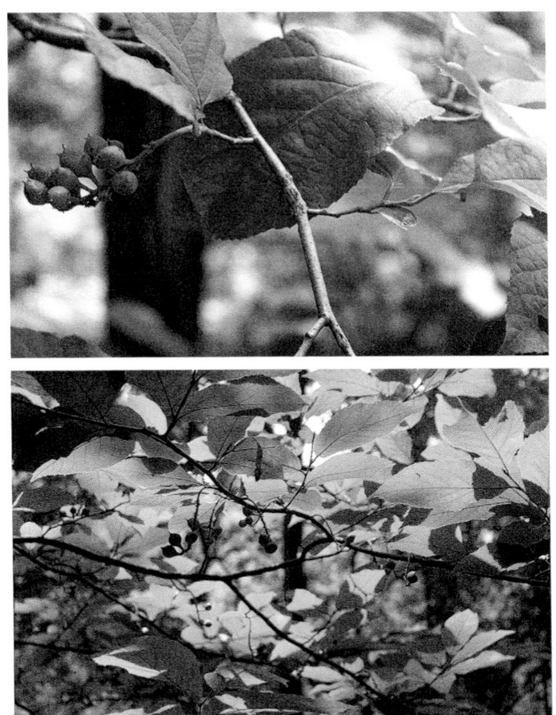

鉴别特征：落叶灌木或小乔木，高 5 m。叶膜质，倒卵形，边缘有锯齿。两性花，总状花序；苞片及小苞片披针形；萼筒无毛；萼齿卵形；花瓣狭披针形，比萼齿短；雄蕊近于无柄，花药卵形；子房略有毛，花柱反卷；花梗有星毛。蒴果卵圆形，外面无毛，有白色皮孔，沿室间 2 片裂开。种子卵圆形，褐色，有光泽，种脐马鞍形。

分布：产于保护区新店保护站、南岗保护站；生于海拔 400 m 以下的疏林下。

茶藨子科 Grossulariaceae

华蔓茶藨子 *Ribes fasciculatum* var. *chinense*

茶藨子科 Grossulariaceae　茶藨子属 *Ribes*

鉴别特征：落叶灌木，高达 1.5 m。叶近圆形，边缘掌状 3～5 裂，裂片宽卵圆形。花单性，雌雄异株；雌花 2～4 朵簇生，稀单生；花萼黄绿色，有香味；萼筒杯形；花瓣近圆形；雄蕊长于花瓣，花丝极短，花药扁椭圆形；雌花的雄蕊不发育，花药无花粉；子房梨形，雄花的子房退化；花柱先端 2 裂。果实近球形，红褐色。花期 4—5 月，果期 7—9 月。

分布：产于保护区新店保护站、南岗保护站、红花保护站；生于山坡林下、林缘或石质坡地。

芍药科 Paeoniaceae

凤丹 *Paeonia ostia*

芍药科 Paeoniaceae　芍药属 *Paeonia*

鉴别特征：灌木高达 1.5 m。下部叶 2 片回羽状；小叶披针形，全缘，顶生叶通常 2 裂或 3 裂，两面无毛。花单生，顶生。苞片绿色，叶状。萼片 3 枚或 4 枚，黄绿色，宽椭圆形。花瓣约 11 瓣，白色，倒卵形，先端微缺。花丝紫红色；花药黄色；花盘完全包围心皮，紫红色，革质。心皮 5 枚，密被绒毛。柱头红色。蓇葖果长圆形，被棕黄色绒毛。花期 4—5 月，果期 8 月。

分布：保护区栽培。

用途：观赏；种子油可食用。

葡萄科 Vitaceae

毛葡萄 *Vitis heyneana*

葡萄科 Vitaceae　葡萄属 *Vitis*

鉴别特征：木质藤本。卷须 2 叉分枝。叶卵圆形，边缘锯齿，下面密被毛。花杂性异株；圆锥花序与叶对生；萼碟形；花瓣 5 瓣，呈帽状黏合脱落；雄蕊 5 枚，花丝丝状，花药黄色，椭圆形，在雌花内雄蕊显著短，败育；花盘发达，5 裂；雌蕊 1 枚，子房卵圆形，花柱短，柱头微扩大。果实圆球形，成熟时紫黑色；种子倒卵形，基部有短喙。花期 4—6 月，果期 6—10 月。

分布：产于保护区各林区；生于山坡、沟谷灌丛、林缘或林中。

蓝果蛇葡萄 *Ampelopsis bodinieri*

葡萄科 Vitaceae　蛇葡萄属 *Ampelopsis*

鉴别特征：木质藤本。卷须 2 叉分枝。叶片卵圆形，不分裂或上部微浅裂，边缘有锯齿，上面绿色，两面均无毛。花序为复二歧聚伞花序，疏散；花瓣 5 瓣，长椭圆形；雄蕊 5 枚，花丝丝状，花药黄色；花盘明显；子房圆锥形，花柱明显，基部略粗，柱头不明显扩大。果实近球圆形，种子倒卵椭圆形。花期 4—6 月，果期 7—8 月。

分布：产于保护区各林区。

乌蔹莓 *Cayratia japonica*

葡萄科 Vitaceae　乌蔹莓属 *Cayratia*

鉴别特征：草质藤本。小枝有纵棱纹。卷须 2~3 叉分枝。叶为鸟足状 5 小叶，托叶早落。花序腋生，复二歧聚伞花序；花蕾卵圆形，顶端圆形；萼碟形，花瓣 4 瓣，雄蕊 4 枚，花药卵圆形，长宽近相等；花盘发达，4 浅裂；子房下部与花盘合生，花柱短，柱头微扩大。果实近球形，有种子 2~4 颗；种子三角状倒卵形。花期 3—8 月，果期 8—11 月。

分布：产于保护区各林区；生于山谷林中或山坡灌丛。

用途：全草药用。

野老鹳草 *Geranium carolinianum*

牻牛儿苗科 Geraniaceae　老鹳草属 *Geranium*

鉴别特征：一年生草本，高达 60 cm，密被柔毛。基生叶早枯，茎生叶互生或最上部对生；叶片圆肾形，掌状 5～7 裂近基部，裂片楔状倒卵形或菱形。花序腋生和顶生，每总花梗具 2 朵花，顶生总花梗常数个集生，花序呈伞形状；萼片长卵形；花瓣淡紫红色，倒卵形。蒴果长约 2 cm，被短糙毛，果瓣由喙上部先裂向下卷曲。花期 4—7 月，果期 5—9 月。

分布：原产美洲，我国为逸生。产于保护区各林区；生于平原和低山荒坡杂草丛中。

用途：全草药用。

酢浆草科 Oxalidaceae

酢浆草 *Oxalis corniculata*

酢浆草科 Oxalidaceae　酢浆草属 *Oxalis*

鉴别特征：草本，高达 35 cm，全株被柔毛。叶基生或茎上互生；小叶 3 枚，无柄，倒心形，沿脉被毛，边缘具贴伏缘毛。花单生或数朵集为伞形花序状，腋生；萼片 5 枚，宿存；花瓣 5 瓣，黄色，长圆状倒卵形；雄蕊 10 枚，基部合生；子房长圆形，5 室，花柱 5 个，柱头头状。蒴果长圆柱形，5 棱。种子长卵形。花果期 2—9 月。

分布：产于保护区各林区；生于山坡、河谷、路边、田边、荒地或林下阴湿处等。

用途：全草入药；茎叶含草酸。牛羊食其过多可中毒致死。

红花酢浆草 *Oxalis corymbosa*

酢浆草科 Oxalidaceae　酢浆草属 *Oxalis*

鉴别特征：多年生直立草本。地下部分有球状鳞茎。叶基生；小叶 3 片。二歧聚伞花序；花梗、苞片、萼片均被毛；萼片 5 枚，披针形；花瓣 5 瓣，倒心形，为萼长的 2～4 倍，淡紫色至紫红色，基部颜色较深；雄蕊 10 枚，长的 5 枚超出花柱，另 5 枚长至子房中部，花丝被长柔毛；子房 5 室，花柱 5 个，被锈色长柔毛，柱头 2 浅裂。花果期 3—12 月。

分布：原产南美热带地区。保护区栽培或逸为野生。

用途：全草入药。

卫矛科 Celastraceae

卫矛 *Euonymus alatus*

卫矛科 Celastraceae　卫矛属 *Euonymus*

鉴别特征：灌木，小枝常具 2~4 列宽阔木栓翅。叶卵状椭圆形，边缘具细锯齿，两面光滑无毛。聚伞花序 1~3 朵花；花白绿色，4 数；萼片半圆形；花瓣近圆形；雄蕊着生花盘边缘处，花丝极短，开花后稍增长，花药宽阔长方形，2 室顶裂。蒴果 1~4 深裂，裂瓣椭圆状；种子椭圆状或宽阔椭圆状，种皮褐色或浅棕色，假种皮橙红色，全包种子。花期 5—6 月，果期 7—10 月。

分布：产于保护区各林区。

用途：带栓翅的枝条可药用。

扶芳藤 *Euonymus fortunei*

卫矛科 Celastraceae　卫矛属 *Euonymus*

鉴别特征：常绿藤本灌木，高至数米。叶薄革质，椭圆形，宽窄变异较大。聚伞花序 3~4 次分枝；有花 4~7 朵，分枝中央有单花；花白绿色，4 数，直径约 6 mm；花盘方形；花丝细长，花药圆心形；子房三角锥状。蒴果粉红色，果皮光滑，近球状；种子长方椭圆状，棕褐色，假种皮鲜红色，全包种子。花期 6 月，果期 10 月。

分布：产于保护区各林区；生长于山坡丛林中。

苦皮藤 *Celastrus angulatus*

卫矛科 Celastraceae　南蛇藤属 *Celastrus*

鉴别特征：藤状灌木；小枝常具纵棱，皮孔密生。叶大，近革质，长方阔椭圆形。聚伞圆锥花序顶生；花萼镊合状排列，三角形至卵形；花瓣长方形；花盘肉质，5 浅裂；雄蕊着生花盘之下，在雌花中退化雄蕊长约 1 mm；雌蕊长 3~4 mm，子房球状，柱头反曲，在雄花中退化雌蕊长约 1.2 mm。蒴果近球状，种子椭圆状。花期 5 月。

分布：产于保护区各林区；生长于海拔 1000 m 左右的山地丛林及山坡灌丛中。

用途：树皮纤维可供造纸及人造棉原料；果皮及种子含油脂；根皮及茎皮为杀虫剂和灭菌剂。

南蛇藤 *Celastrus orbiculatus*

卫矛科 Celastraceae　南蛇藤属 *Celastrus*

鉴别特征：落叶缠绕灌木。叶阔倒卵形，无毛。聚伞花序腋生，小花梗关节在中部以下或近基部；雄花萼片钝三角形；花瓣倒卵椭圆形或长方形；花盘浅杯状，裂片浅；退化雌蕊不发达；雌花花冠较雄花窄小，花盘稍深厚，肉质，退化雄蕊极短小；子房近球状，柱头 3 深裂，裂端再 2 浅裂。蒴果近球状，种子椭圆状稍扁。花期 5—6 月，果期 7—10 月。

分布：产于保护区各林区；生长于海拔 400 m 以上的山坡灌丛。

用途：果实药用；树皮可制纤维；种子含油量达 50%。

大戟科 Euphorbiaceae

油桐 *Vernicia fordii*

大戟科 Euphorbiaceae　油桐属 *Vernicia*

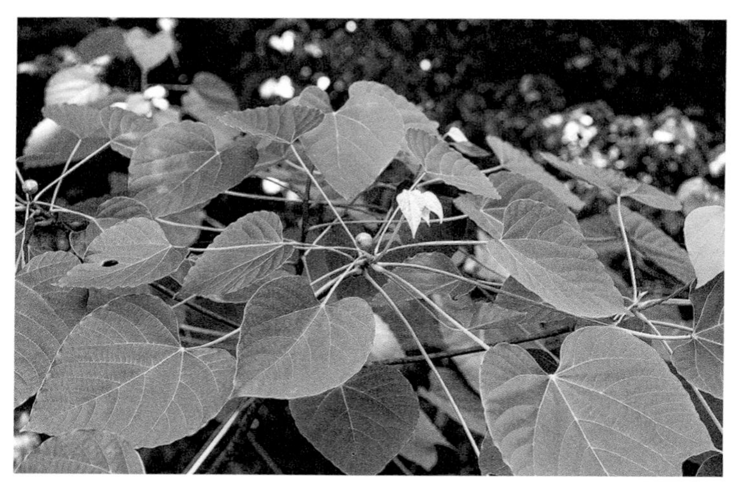

鉴别特征：落叶乔木，枝条具明显皮孔。叶卵圆形，全缘，掌状脉 5 条；叶柄长。花雌雄同株；花萼 2 裂，外面密被毛；花瓣白色，有淡红色脉纹，倒卵形；雄花具雄蕊 8～12 枚，2 轮；外轮离生，内轮中部以下合生；雌花子房密被毛，3～5 室，每室有 1 枚胚珠，花柱与子房室同数，2 裂。核果近球状，果皮光滑；种子 3～4 颗，种皮木质。花期 3—4 月，果期 8—9 月。

分布：保护区栽培或逸为野生。

用途：油料植物。

白背叶 *Mallotus apelta*

大戟科 Euphorbiaceae　野桐属 *Mallotus*

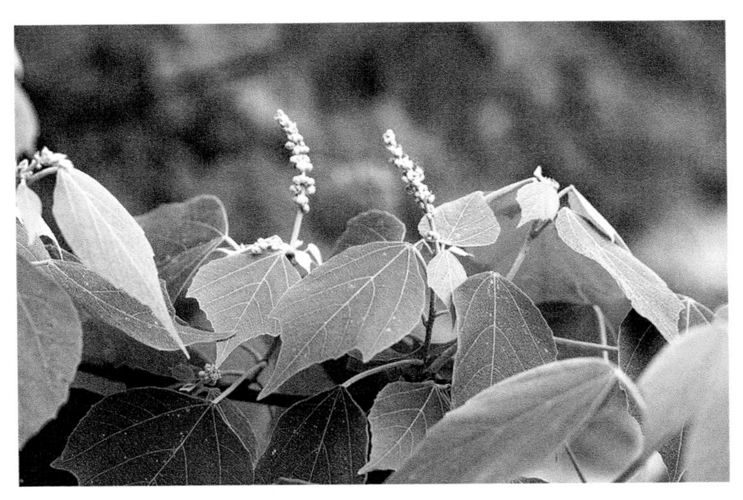

鉴别特征：灌木或小乔木，小枝、叶柄和花序均密被毛和腺体。叶互生，卵形，边缘具疏齿，叶背被绒毛，散生腺体。花雌雄异株，雄花序为开展的圆锥花序，雄花多朵簇生于苞腋；雄花花蕾卵形，花萼裂片 4 片；雌花序穗状；花萼裂片 3～5 片，花柱 3～4 个，基部合生，柱头密生羽毛状突起。蒴果近球形，密生软刺；种子近球形，具皱纹。花期 6—9 月，果期 8—11 月。

分布：产于保护区各林区；生于山坡或山谷灌丛中。

用途：先锋树种；茎皮可供编织；种子含油量达 36%。

乌桕 *Triadica sebifera*

大戟科 Euphorbiaceae　乌桕属 *Triadica*

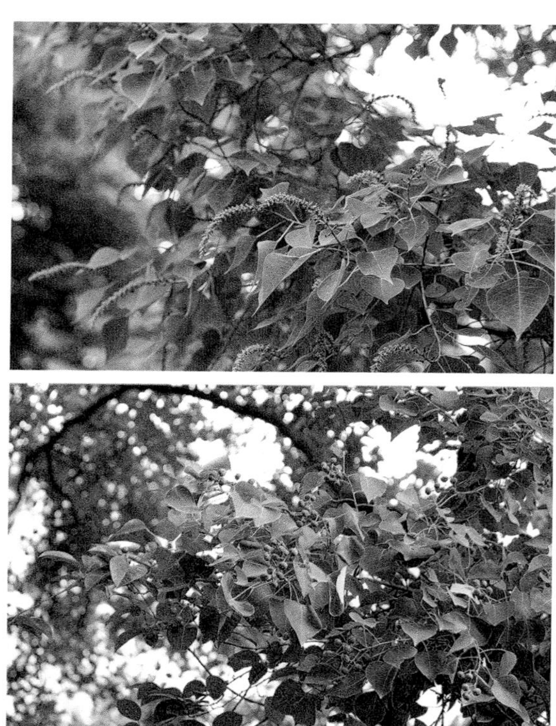

鉴别特征：乔木，高达 15 m，具乳状汁液；枝具皮孔。叶互生，纸质，叶片菱形，全缘。花单性，雌雄同株，成顶生、长的总状花序。雄花：花萼杯状，3 浅裂；雄蕊 2 枚，伸出于花萼之外，花丝分离。雌花：花萼 3 深裂；子房卵球形，3 室，花柱 3 个，基部合生，柱头外卷。蒴果梨状球形。具 3 粒种子，种子扁球形，外被白色、蜡质的假种皮。花期 4—8 月。

分布：产于保护区各林区；生于旷野、塘边或疏林中。

用途：木材坚硬；叶可作染料；根皮治毒蛇咬伤；种子含油。

地锦 *Euphorbia humifusa*

大戟科 Euphorbiaceae　大戟属 *Euphorbia*

鉴别特征：一年生草本。茎匍匐，被毛。叶对生，矩圆形，两面被毛。花序单生于叶腋，总苞陀螺状，边缘4裂；腺体4个，矩圆形，边缘具附属物。雄花数枚，雌花1枚；子房三棱状卵形；花柱3个，分离；柱头2裂。蒴果三棱状卵球形，成熟时分裂为3个分果爿，花柱宿存。种子三棱状卵球形。花果期5—10月。

分布：产于保护区各林区；生于山沟、路旁、荒野和山坡。

用途：全草药用。

泽漆 *Euphorbia helioscopia*

大戟科 Euphorbiaceae　大戟属 *Euphorbia*

鉴别特征：一年生草本。叶互生，倒卵形或匙形，先端具牙齿；总苞叶 5 枚，倒卵状长圆形；总伞幅 5 枚；苞叶 2 枚，卵圆形。花序单生；总苞钟状，边缘 5 裂；腺体 4 个，盘状，淡褐色。雄花数枚，明显伸出总苞外；雌花 1 枚。蒴果三棱状阔圆形，光滑，无毛；成熟时分裂为 3 个分果爿。种子卵状，具明显的脊网；种阜扁平状。花果期 4—10 月。

分布：产于保护区各林区；生于山沟、路旁、荒野和山坡。

用途：全草入药；可杀虫；种子含油量达 30%。

乳浆大戟 *Euphorbia esula*

大戟科 Euphorbiaceae　大戟属 *Euphorbia*

鉴别特征：多年生草本。叶线形至卵形；不育枝叶常为松针状；苞叶 2 枚，常为肾形。花序单生于二歧分枝的顶端；总苞钟状，边缘 5 裂；腺体 4 个，新月形。雄花多枚，苞片宽线形；雌花 1 枚，子房柄明显伸出总苞之外；花柱 3 个，分离；柱头 2 裂。蒴果三棱状球形，具 3 个纵沟；花柱宿存；成熟时分裂为 3 个分果爿。种子卵球状，种阜盾状。花果期 4—10 月。

分布：产于保护区各林区；生于路旁、杂草丛、山坡、林下、河沟边、荒山、沙丘及草地。

用途：全草入药；种子含油量达 30%。

铁苋菜 *Acalypha australis*

大戟科 Euphorbiaceae　铁苋菜属 *Acalypha*

鉴别特征：一年生草本，高达 0.5 m。叶膜质，长卵形，边缘具圆锯。雌雄花同序，花序腋生，雌花苞片卵状心形，花后增大，边缘具三角形齿；雄花生于花序上部，排列呈穗状或头状，雄花簇生；雄花花蕾时近球形，花萼裂片 4 片；雌花萼片 3 枚；花柱 3 个，撕裂。蒴果具 3 个分果爿，果皮具毛和小瘤体；种子近卵状，假种阜细长。花果期 4—12 月。

分布：产于保护区各林区；生于山坡较湿润耕地和空旷草地。

青灰叶下珠 *Phyllanthus glaucus*

叶下珠科 Phyllanthaceae　叶下珠属 *Phyllanthus*

鉴别特征：灌木，高达 4 m。叶片膜质，椭圆形，下面稍苍白色。花数朵簇生于叶腋；雄花：萼片 6 枚，卵形；花盘腺体 6 个；雄蕊 5 枚，花丝分离，药室纵裂；花粉粒圆球形，具 3 个孔沟。雌花：通常 1 朵与数朵雄花同生于叶腋；萼片 6 枚，卵形；花盘环状；子房卵圆形，3 室，花柱 3 个，基部合生。蒴果浆果状；种子黄褐色。花期 4—7 月，果期 7—10 月。

分布：产于保护区各林区；生于海拔 200 m 以上的山地灌木丛中或稀疏林下。

用途：根可药用。

堇菜科 Violaceae

鸡腿堇菜 *Viola acuminate*

堇菜科 Violaceae　堇菜属 *Viola*

鉴别特征：多年生草本，常无基生叶。茎直立。叶片心形，边缘具钝锯齿及短缘毛，两面密生褐色腺点。花淡紫色或近白色，具长梗；在花附近具 2 枚线形小苞片；花瓣有褐色腺点；距通常直，呈囊状；下方 2 枚雄蕊之距短而钝；子房圆锥状，无毛。蒴果椭圆形。花果期 5—9 月。

分布：产于保护区各林区；生于杂木林林下、林缘、灌丛、山坡草地或溪谷湿地等处。

用途：全草药用；嫩叶作蔬菜。

紫花地丁 *Viola philippica*

堇菜科 Violaceae　堇菜属 *Viola*

鉴别特征：多年生草本，无地上茎。叶多数，基生，莲座状；叶片下部呈三角状卵形，上部呈长圆形，边缘具圆齿。花紫堇色或淡紫色；花瓣倒卵形，侧方花瓣长，下方花瓣里面有紫色脉纹；距细管状；药隔顶部有附属物；子房卵形，花柱棍棒状，柱头三角形。蒴果长圆形；种子卵球形，淡黄色。花果期 4 月中下旬至 9 月。

分布：产于保护区各林区；生于田间、荒地、山坡草丛、林缘或灌丛中。

用途：全草药用；嫩叶可作野菜；早春观赏花卉。

七星莲 *Viola diffusa*

堇菜科 Violaceae　堇菜属 *Viola*

鉴别特征：一年生草本。匍匐枝先端具莲座状叶丛。基生叶多数；叶片卵形，明显下延于叶柄，边缘具钝齿及缘毛，幼叶两面被柔毛。花较小，淡紫色或浅黄色，具长梗；萼片披针形；侧方花瓣倒卵形，无须毛，下方花瓣较其他花瓣短；下方 2 枚雄蕊背部的距短而宽，呈三角形；子房无毛，花柱棍棒状。蒴果长圆形，顶端常具宿存的花柱。花期 3—5 月，果期 5—8 月。

分布：产于保护区各林区；生于山地林下、林缘、草坡、溪谷旁和岩石缝隙中。

用途：全草药用。

山槐 *Albizia kalkora*

豆科 Fabaceae　合欢属 *Albizia*

鉴别特征：落叶小乔木或灌木，高达 8 m。二回羽状复叶；小叶长圆形，基部不等侧，两面均被短柔毛。头状花序生于叶腋，或于枝顶排成圆锥花序；花初白色，后变黄；花萼管状，5 齿裂；花冠中部以下连合呈管状，裂片披针形，花萼、花冠均密被长柔毛；雄蕊基部连合呈管状。荚果带状，嫩荚密被短柔毛；种子倒卵形。花期 5—6 月，果期 8—10 月。

分布：产于保护区各林区；生于山坡灌丛、疏林中。

用途：材用；栽培观赏。

紫荆 *Cercis chinensis*

豆科 Fabaceae　紫荆属 *Cercis*

鉴别特征：丛生或单生灌木，高达 5 m。叶纸质，近圆形，两面通常无毛。花紫红色或粉红色，簇生于老枝和主干上，先叶开放，花长 1.0~1.3 cm；龙骨瓣基部具深紫色斑纹；子房嫩绿色，有胚珠 6~7 枚。荚果扁狭长形；种子 2~6 粒，阔长圆形，黑褐色，光亮。花期 3—4 月，果期 8—10 月。

分布：保护区有栽培。

用途：栽培植物；树皮、花入药。

皂荚 *Gleditsia sinensis*

豆科 Fabaceae　皂荚属 *Gleditsia*

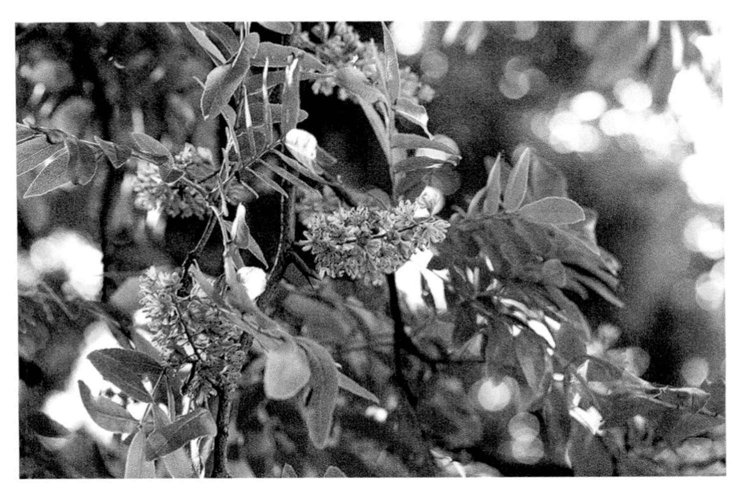

鉴别特征：落叶乔木或小乔木，高可达 30 m；刺粗壮，常分枝，多呈圆锥状。一回羽状复叶；小叶纸质，边缘具锯齿；网脉明显。花杂性，黄白色，组成总状花序；雄花直径 9~10 mm；萼片 4 枚；花瓣 4 瓣；雄蕊 8 枚；两性花与雄花相似。荚果带状；果瓣革质，常被白色粉霜；种子多颗，长圆形或椭圆形，棕色，光亮。花期 3—5 月，果期 5—12 月。

分布：产于保护区各林区。

用途：材用；荚果煎汁可代肥皂；嫩芽及子可食；荚、籽、刺均可药用。

白车轴草 *Trifolium repens*

豆科 Fabaceae　车轴草属 *Trifolium*

鉴别特征：多年生草本，高达 30 cm。掌状三出复叶。花序球形，顶生；无总苞；苞片披针形，膜质；花萼钟形，萼齿 5 枚，披针形；花冠白色、乳黄色或淡红色，具香气。旗瓣椭圆形，比翼瓣和龙骨瓣长，龙骨瓣比翼瓣稍短；子房线状长圆形，胚珠 3~4 枚。荚果长圆形；种子通常 3 粒。种子阔卵形。花果期 5—10 月。

分布：原产欧洲和北非。我国常见于种植，产于保护区各林区。

用途：优良牧草；可作为绿肥、堤岸防护草种、草坪装饰；蜜源植物。

天蓝苜蓿 *Medicago lupulina*

豆科 Fabaceae　苜蓿属 *Medicago*

鉴别特征：一年或多年生草本，高达 60 cm，全株被柔毛。羽状三出复叶；小叶倒卵形，纸质。花序小头状；苞片刺毛状；花萼钟形，密被毛，萼齿线状披针形；花冠黄色，旗瓣近圆形，翼瓣和龙骨瓣近等长，均比旗瓣短。子房阔卵形，被毛，花柱弯曲，胚珠 1 枚。荚果肾形，熟时变黑；有种子 1 粒。种子卵形，褐色，平滑。花期 7—9 月，果期 8—10 月。

分布：产于保护区各林区；生于草地、旷野及路旁。

草木樨 *Melilotus officinalis*

豆科 Fabaceae　草木樨属 *Melilotus*

鉴别特征：二年生草本，高达 1 m。羽状三出复叶；小叶倒卵形，边缘具浅齿，上面无毛，粗糙，下面散生短柔毛。总状花序腋生；萼钟形，萼齿三角状披针形；花冠黄色；雄蕊筒在花后常宿存包于果外；子房卵状披针形。荚果卵形，先端具宿存花柱，表面具凹凸不平的横向细网纹；有种子 1～2 粒。种子卵形，平滑。花期 5—9 月，果期 6—10 月。

分布：产于保护区各林区；生于山坡、河岸、路旁、砂质草地及林缘。

用途：常见牧草。

野大豆 *Glycine soja*

豆科 Fabaceae　大豆属 *Glycine*

鉴别特征：一年生缠绕草本。全体被褐色长硬毛。叶具 3 片小叶。总状花序；花小，长约 5 mm；苞片披针形；花萼钟状，裂片 5 片，三角状披针形；花冠淡红紫色或白色，旗瓣近圆形，基部具短瓣柄，翼瓣斜倒卵形，有明显的耳，龙骨瓣比旗瓣及翼瓣短小；花柱短而弯曲。荚果长圆形，稍弯，干时易裂；种子 2～3 颗，椭圆形。花期 7—8 月，果期 8—10 月。

分布：产于保护区各林区。

用途：全株可作饲料；茎皮纤维可编织；种子供食用，又可榨油；油粕是优良饲料和肥料；全草药用。

救荒野豌豆 *Vicia sativa*

豆科 Fabaceae　野豌豆属 *Vicia*

鉴别特征：一年生或二年生草本，高达 90 cm。茎斜升或攀缘，具棱，被毛。偶数羽状复叶，叶轴顶端卷须有 2~3 叉分枝；托叶戟形，裂齿；小叶长椭圆形，被毛。花腋生；萼钟形，外面被柔毛；花冠紫红色，旗瓣长倒卵圆形，先端圆，中部缢缩；子房线形，胚珠 4~8 枚。荚果线长圆形，有毛，成熟时背腹开裂，果瓣扭曲。种子圆球形。花期 4—7 月，果期 7—9 月。

分布：产于保护区各林区；生于荒山、田边草丛及林中。

用途：优良牧草；嫩叶可食；全草药用。

四籽野豌豆 *Vicia tetrasperma*

豆科 Fabaceae　野豌豆属 *Vicia*

鉴别特征：一年生缠绕草本。茎纤细柔软有棱，被毛。偶数羽状复叶；顶端为卷须，托叶箭头形；小叶长圆形。总状花序，花 1~2 朵着生于花序轴先端，花甚小，长仅约 0.3 cm；花萼斜钟状，萼齿圆三角形；花冠淡蓝色，旗瓣长圆倒卵形；子房长圆形，胚珠 4 枚，花柱上部四周被毛。荚果长圆形，具网纹。种子 4 粒，扁圆形。花期 3—6 月，果期 6—8 月。

分布：产于保护区各林区；生于山谷、草地阳坡。

用途：优良牧草；嫩叶可食；全草药用。

木蓝 *Indigofera tinctoria*

豆科 Fabaceae　木蓝属 *Indigofera*

鉴别特征：直立亚灌木，高达 1 m。幼枝有棱，扭曲，被毛。羽状复叶；小叶 4～6 对，对生，倒卵状长圆形。总状花序，花疏生；苞片钻形；花萼钟状，萼齿三角形；花冠伸出萼外，红色，旗瓣阔倒卵形，外面被毛，瓣柄短；花药心形；子房无毛。荚果线形，种子间有缢缩，外形似串珠状，有种子 5～10 粒；种子近方形。花期几乎全年，果期 10 月。

分布：产于保护区各林区。

用途：叶可提取染料；药用。

紫藤 *Wisteria sinensis*

豆科 Fabaceae　紫藤属 *Wisteria*

鉴别特征：落叶藤本。奇数羽状复叶；小叶纸质，卵状椭圆形。总状花序；花长 2.0~2.5 cm，芳香；花萼杯状；花冠紫色，旗瓣圆形，花开后反折，翼瓣长圆形，龙骨瓣短，阔镰形，子房线形，密被绒毛，花柱无毛，胚珠 6~8 枚。荚果倒披针形，密被绒毛，悬垂枝上不脱落；种子褐色，具光泽，圆形。花期 4 月中旬至 5 月上旬，果期 5—8 月。

分布：产于保护区新店保护站、红花保护站。

用途：栽培观赏。

葛 *Pueraria montana*

豆科 Fabaceae　葛属 *Pueraria*

鉴别特征：粗壮藤本，被长硬毛，有块状根。羽状复叶具3枚小叶。总状花序；花2～3朵聚生于花序轴的节上；花萼钟形；花冠紫色，旗瓣倒卵形，翼瓣镰状，基部有耳，龙骨瓣镰状长圆形，基部有极小、急尖的耳；对旗瓣的1枚雄蕊仅上部离生；子房线形，被毛。荚果长椭圆形。花期9—10月，果期11—12月。

分布：产于保护区各林区；生于山地疏或密林中。

用途：根药用；茎皮纤维可织布和造纸。

刺槐 *Robinia pseudoacacia*

豆科 Fabaceae　刺槐属 *Robinia*

鉴别特征：落叶乔木，高达 25 m。羽状复叶；小叶常对生，椭圆形，全缘。总状花序腋生，下垂，花多数，芳香；花萼斜钟状；花冠白色，各瓣均具瓣柄，旗瓣近圆形，反折，内有黄斑，翼瓣斜倒卵形，基部一侧具圆耳，龙骨瓣镰状；雄蕊二体；子房线形，花柱钻形。荚果线状长圆形，沿腹缝线具狭翅；花萼宿存；种子近肾形。花期 4—6 月，果期 8—9 月。

分布：原产美国东部，我国引种栽培。保护区栽培或逸为野生。

用途：材质硬重；速生树种；蜜源植物。

毛洋槐 *Robina hispida*

豆科 Fabaceae　刺槐属 *Robinia*

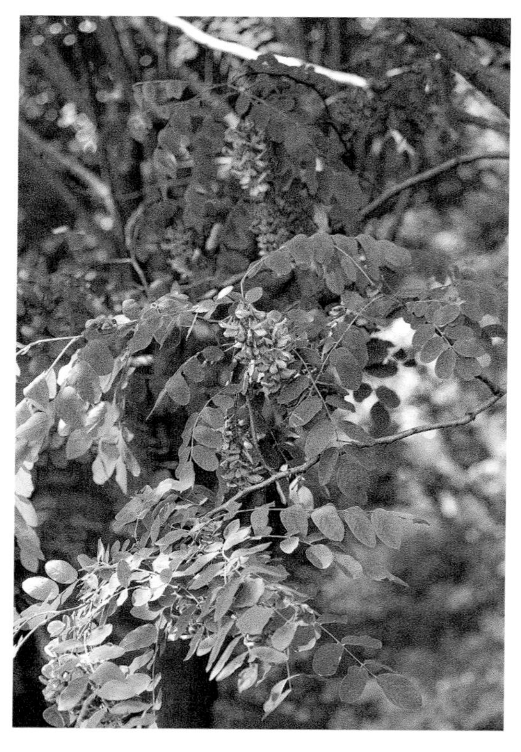

鉴别特征：落叶灌木，高达 3 m。羽状复叶；小叶椭圆形。总状花序腋生，除花冠外，均被腺毛及柔毛；花萼紫红色，斜钟形，萼筒长约 5 mm；花冠红色至玫瑰红色，花瓣具柄，旗瓣近肾形，翼瓣镰形，龙骨瓣近三角形；雄蕊二体，对旗瓣的 1 枚分离；子房近圆柱形，柱头顶生。荚果线形，密被刚毛，有种子 3~5 粒。花期 5—6 月，果期 7—10 月。

分布：原产北美，我国引种栽培。保护区栽培或逸为野生。

用途：栽培观赏植物。

紫穗槐 *Amorpha fruticosa*

豆科 Fabaceae　紫穗槐属 *Amorpha*

鉴别特征：落叶灌木，丛生，高达 4 m。嫩枝密被短柔毛。叶互生，奇数羽状复叶。穗状花序常 1 至数个顶生和枝端腋生，密被短柔毛；花有短梗；萼齿三角形，较萼筒短；旗瓣心形，紫色，无翼瓣和龙骨瓣；雄蕊 10 枚，下部合生成鞘，上部分裂，包于旗瓣之中，伸出花冠外。荚果下垂，表面有凸起的疣状腺点。花果期 5—10 月。

分布：原产美国。保护区栽培或逸为野生。

用途：枝叶作绿肥、家畜饲料；茎皮可提取栲胶；枝条编制篓筐；果实含芳香油；蜜源植物。

长萼鸡眼草 *Kummerowia stipulacea*

豆科 Fabaceae　鸡眼草属 *Kummerowia*

鉴别特征：一年生草本，高达 15 cm。茎多分枝。三出羽状复叶；小叶纸质，倒卵形，全缘。花常 1～2 朵腋生；小苞片 4 枚；花梗有毛；花萼膜质，阔钟形，5 裂；花冠上部暗紫色，长 5.5～7.0 mm，旗瓣椭圆，翼瓣狭披针形，龙骨瓣钝，上面有暗紫色斑点；雄蕊二体。荚果椭圆。花期 7—8 月，果期 8—10 月。

分布：产于保护区各林区；生于路旁、草地、山坡、固定或半固定沙丘等处。

用途：全草药用；可作饲料及绿肥。

绿叶胡枝子 *Lespedeza buergeri*

豆科 Fabaceae　胡枝子属 *Lespedeza*

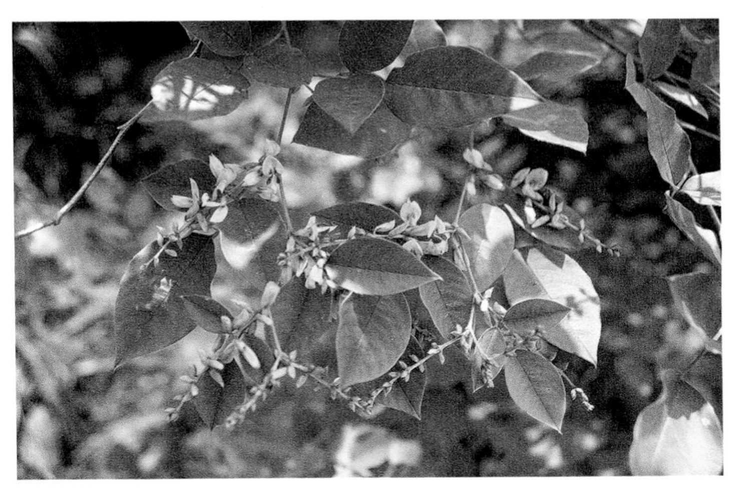

鉴别特征：灌木，高达 3 m。小叶卵状椭圆形，上面光滑无毛，下面密被毛。总状花序腋生；花萼钟状，5 裂；花冠淡黄绿色，旗瓣近圆形，基部两侧有耳，具短柄，翼瓣椭圆状长圆形，基部有耳和瓣柄，龙骨瓣倒卵状长圆形，基部有明显的耳和长瓣柄；雄蕊 10 枚，二体；子房有毛，花柱丝状。荚果长圆状卵形，表面具网纹和长柔毛。花期 6—7 月，果期 8—9 月。

分布：产于保护区各林区。

截叶铁扫帚 *Lespedeza cuneata*

豆科 Fabaceae　胡枝子属 *Lespedeza*

鉴别特征：小灌木，高达 1 m。叶密集，柄短；小叶楔形，上面近无毛，下面密被伏毛。总状花序腋生，具 2~4 朵花；花萼狭钟形，密被伏毛，5 深裂，裂片披针形；花冠淡黄色或白色，旗瓣基部有紫斑，冀瓣与旗瓣近等长，龙骨瓣稍长；闭锁花簇生于叶腋。荚果宽卵形，被伏毛。花期 7—8 月，果期 9—10 月。

分布：产于保护区各林区；生于山坡路旁。

白鹃梅 *Exochorda racemosa*

蔷薇科 Rosaceae　白鹃梅属 *Exochorda*

鉴别特征：灌木，高达 5 m。叶片椭圆形，长椭圆形，无毛；叶柄短；不具托叶。总状花序；苞片小，宽披针形；花萼筒浅钟状，无毛；萼片宽三角形，黄绿色；花瓣倒卵形，先端钝，基部有短爪，白色；雄蕊 15～20 枚，3～4 枚一束着生在花盘边缘，与花瓣对生；心皮 5 枚，花柱分离。蒴果，倒圆锥形，有 5 脊。花期 5 月，果期 6—8 月。

分布：产于保护区各林区；生于海拔 250～500 m 的向阳山坡。

华空木 *Stephanandra chinensis*

蔷薇科 Rosaceae　小米空木属 *Stephanandra*

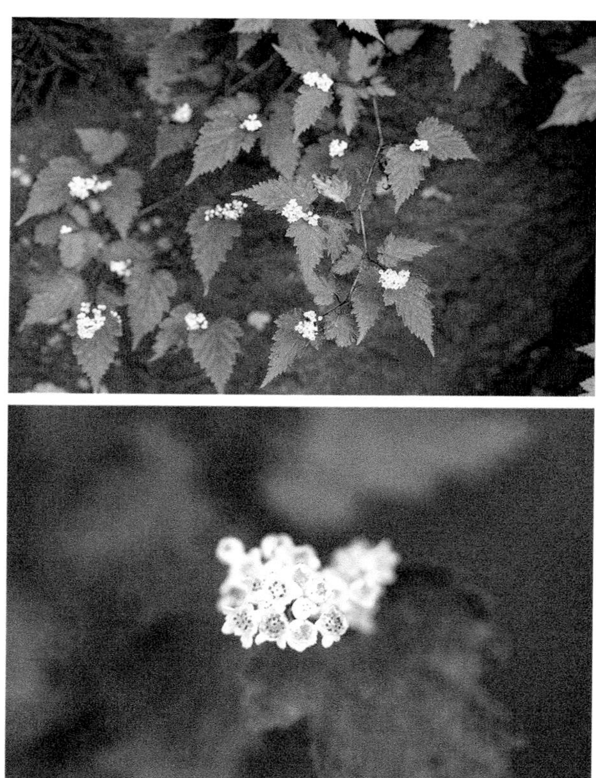

鉴别特征：灌木，高达 1.5 m。叶片卵形，边缘常浅裂并有重锯齿；托叶披针形。顶生圆锥花序；苞片小；萼筒杯状，无毛；萼片三角卵形，有短尖，全缘；花瓣倒卵形，长约 2 mm，白色；雄蕊 10 枚，着生在萼筒边缘，较花瓣短约一半；心皮 1 枚，子房外被柔毛，花柱顶生，直立。蓇葖果近球形，具宿存直立的萼片；种子 1 粒，卵球形。花期 5 月，果期 7—8 月。

分布：产于保护区各林区；生于阔叶林边或灌木丛中。

西北栒子 *Cotoneaster zabelii*

蔷薇科 Rosaceae　栒子属 *Cotoneaster*

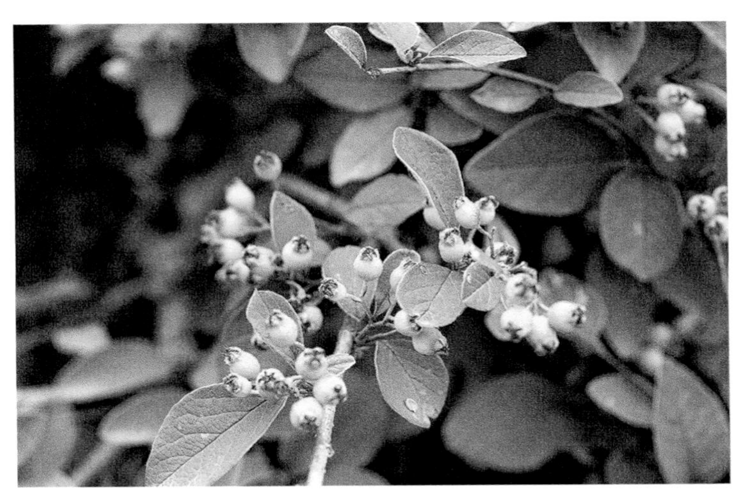

鉴别特征：落叶灌木，高达 2 m。叶片椭圆形至卵形，全缘，上面具稀疏柔毛，下面密被绒毛。花成下垂聚伞花序；萼筒钟状；萼片三角形；花瓣直立，倒卵形，直径 2~3 mm，先端圆钝，浅红色；花柱 2 个，离生，子房先端具柔毛。果实倒卵形，直径 7~8 mm，鲜红色，常具 2 小核。花期 5—6 月，果期 8—9 月。

分布：产于保护区新店保护站、南岗保护站；生于海拔 500 m 以上的石灰岩山地、山坡阴处、沟谷边、灌木丛中。

火棘 *Pyracantha fortuneana*

蔷薇科 Rosaceae　火棘属 *Pyracantha*

鉴别特征：常绿灌木，高达3 m；侧枝先端成刺状。叶片倒卵形，下延连于叶柄，边缘有钝锯齿，两面皆无毛。花集成复伞房花序；花直径约1 cm；萼筒钟状，无毛；萼片三角卵形；花瓣白色，近圆形；花药黄色；花柱5个，离生，子房上部密生白色柔毛。果实近球形，直径约5 mm，橘红色或深红色。花期3—5月，果期8—11月。

分布：产于保护区红花保护站、武胜关保护站；生于海拔500 m以上的山地、丘陵地阳坡灌丛草地及河沟路旁。

用途：栽培作绿篱；果实可食用。

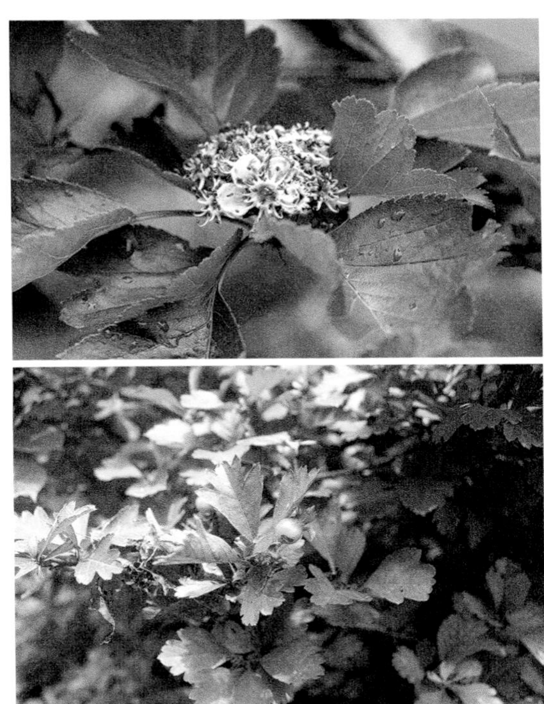

鉴别特征：落叶乔木，高达 6 m。叶片宽卵形，羽状深裂；托叶草质，镰形，边缘有锯齿。伞房花序；萼筒钟状，外面密被灰白色柔毛；萼片三角卵形；花瓣倒卵形，白色；雄蕊 20 枚，花药粉红色；花柱 3～5 个，基部被柔毛，柱头头状。果实近球形或梨形，深红色，有浅色斑点；小核外面稍具棱；萼片脱落迟。花期 5—6 月，果期 9—10 月。

分布：树木园有栽培。

用途：栽培作绿篱和观赏树；幼苗可作嫁接砧木；果可食用；干制后入药。

石楠 *Photinia serratifolia*

蔷薇科 Rosaceae　石楠属 *Photinia*

鉴别特征：常绿灌木或小乔木，高达 6 m。叶片革质，长椭圆形，边缘有锯齿。复伞房花序顶生；花密生；萼筒杯状；萼片阔三角形；花瓣白色，近圆形；雄蕊 20 枚，花药带紫色；花柱基部合生，柱头头状，子房顶端有柔毛。果实球形，红色，后成褐紫色，有 1 粒种子；种子卵形。花期 4—5 月，果期 10 月。

分布：保护区南岗保护站有栽培。

用途：栽培树种；材用；叶和根供药用；种子榨油；可作枇杷的砧木。

野蔷薇（原变种）*R. multiflora* var. *multiflora*

蔷薇科 Rosaceae　蔷薇属 *Rosa*

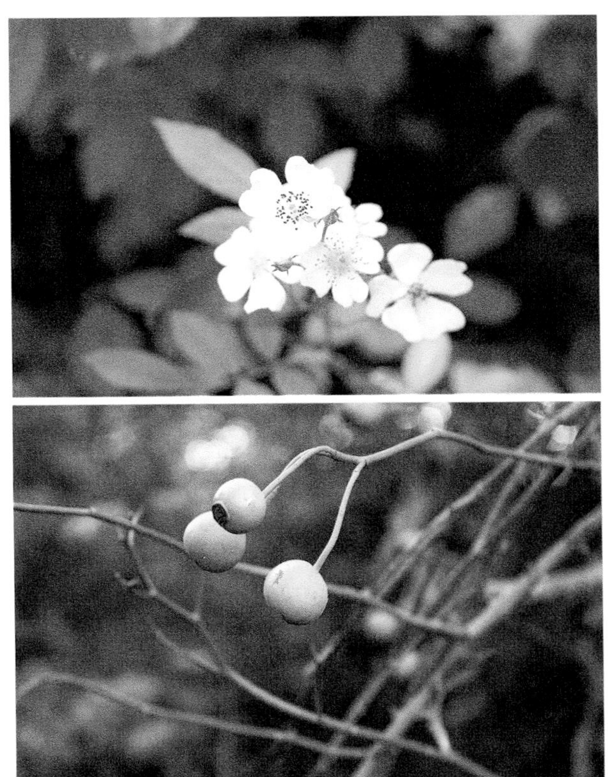

鉴别特征：攀缓灌木；小枝圆柱形，有皮束。小叶片倒卵形，边缘有尖锐单锯齿，上面无毛，下面有柔毛；托叶篦齿状，大部贴生于叶柄，边缘有或无腺毛。花多朵，排成圆锥状花序；萼片披针形；花瓣白色，宽倒卵形；花柱结合成束，无毛，比雄蕊稍长。果近球形，直径 6~8 mm，红褐色或紫褐色，有光泽，无毛，萼片脱落。

分布：产于保护区各林区；生于沟边、溪旁、沟谷杂林中。

粉团蔷薇 *R. multiflora* var. *cathayensis*

蔷薇科 Rosaceae　蔷薇属 *Rosa*

鉴别特征：本变种花为粉红色，单瓣。

分布：产于保护区南岗保护站；生于山坡、灌丛或河边等处。

用途：根含鞣质，可提制栲胶；鲜花含有芳香油可提制香精；根、叶、花和种子均入药；栽培作绿篱、护坡等。

七姊妹 *R. multiflora* var. *carnea*

蔷薇科 Rosaceae　蔷薇属 *Rosa*

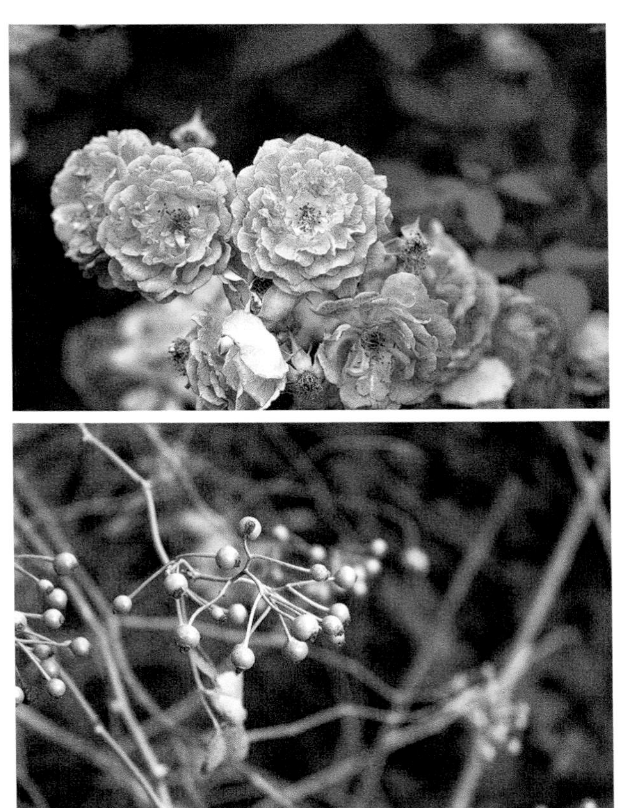

鉴别特征：本变种为重瓣，花为粉红色。

用途：栽培供观赏，可作护坡及棚架之用。

龙牙草 *Agrimonia pilosa*

蔷薇科 Rosaceae　龙芽草属 *Agrimonia*

鉴别特征：多年生草本。根多呈块茎状。茎高达 120 cm。叶为间断奇数羽状复叶；小叶片倒卵形，边缘有锯齿，有显著腺点；托叶草质，绿色，镰形。花序穗状总状顶生；苞片通常深 3 裂，裂片带形；萼片 5 枚，三角卵形；花瓣黄色，长圆形；花柱 2 个，丝状，柱头头状。果实倒卵圆锥形，外面有 10 条肋，顶端有数层钩刺。花果期 5—12 月。

分布：产于保护区各林区；生于溪边、路旁、草地、灌丛、林缘及疏林下。

用途：全草药用；地下根茎芽，作驱绦虫特效药；全株富含鞣质，可提制栲胶；可作农药。

地榆 *Sanguisorba officinalis*

蔷薇科 Rosaceae　地榆属 *Sanguisorba*

鉴别特征：多年生草本，高达 120 cm。茎直立，有棱。基生叶为羽状复叶，小叶片卵形，边缘有锯齿，无毛；茎生叶较少，长圆披针形。穗状花序椭圆形，圆柱形，直立，从花序顶端向下开放；萼片 4 枚，紫红色；雄蕊 4 枚，花丝丝状；柱头顶端扩大，盘形，边缘具流苏状乳头。果实包藏在宿存萼筒内，外面有斗棱。花果期 7—10 月。

分布：产于保护区各林区；生于山坡草地、灌丛和疏林下。

用途：根药用；嫩叶可食，亦可作代茶饮。

棣棠花 *Kerria japonica*

蔷薇科 Rosaceae　棣棠花属 *Kerria*

鉴别特征：落叶灌木，高达 2 m。叶互生，三角状卵形，边缘有重锯齿；托叶膜质，带状披针形，有缘毛，早落。单花，着生在当年生侧枝顶端，花梗无毛；萼片卵状椭圆形，顶端急尖，有小尖头，全缘，无毛，果时宿存；花瓣黄色，宽椭圆形，顶端下凹。瘦果倒卵形至半球形，褐色或黑褐色，有皱褶。花期 4—6 月，果期 6—8 月。

分布：产于大深沟，保护区红花保护站、新店保护站、李家寨保护站；生于山坡灌丛。

用途：茎髓入药。

插田泡 *Rubus coreanus*

蔷薇科 Rosaceae　悬钩子属 *Rubus*

鉴别特征：灌木，高达 3 m；枝被白粉，具扁平皮刺。小叶通常 5 枚，卵形，边缘有锯齿。伞房花序生于侧枝顶端，具花数朵；花直径 7～10 mm；花萼被柔毛；萼片长卵形，花时开展，果时反折；花瓣倒卵形，淡红色至深红色；花丝带粉红色；雌蕊多数；花柱无毛。果实近球形，深红色至紫黑色；核具皱纹。花期 4—6 月，果期 6—8 月。

分布：产于保护区南岗保护站、新店保护站；生于山坡灌丛或山谷、河边、路旁。

用途：果实可生食、熬糖及酿酒，又可入药；根叶入药。

山莓 *Rubus corchorifolius*

蔷薇科 Rosaceae　悬钩子属 *Rubus*

鉴别特征：直立灌木，高 1～3 m；枝具皮刺，幼时被柔毛。单叶，卵形；叶柄疏生小皮刺；托叶线状披针形。花单生或少数生于短枝上；花萼外密被毛，无刺；萼片卵形；花瓣长圆形，白色，长于萼片；雄蕊多数，花丝宽扁；雌蕊多数，子房有柔毛。果实由很多小核果组成，近球形，红色，密被细柔毛；核具皱纹。花期 2—3 月，果期 4—6 月。

分布：产于保护区各林区；生于向阳山坡、溪边、山谷、荒地和疏密灌丛中潮湿处。

用途：果可食用；果、根及叶入药；根皮、茎皮、叶可提取栲胶。

蓬蘽 *Rubus hirsutus*

蔷薇科 Rosaceae　悬钩子属 *Rubus*

鉴别特征：灌木，高达 2 m；枝被毛，疏生皮刺。小叶 3～5 枚，卵形，两面疏生柔毛，边缘具重锯齿。花常单生于侧枝顶端；苞片线形；花大，直径 3～4 cm；花萼外密被柔毛和腺毛；萼片卵状披针形，花后反折；花瓣倒卵形，白色，基部具爪；花丝较宽；花柱和子房均无毛。果实近球形，直径 1～2 cm，无毛。花期 4 月，果期 5—6 月。

分布：产于保护区各林区；生于山坡路旁阴湿或灌丛中。

用途：全株及根入药。

白叶莓 *Rubus innominatus*

蔷薇科 Rosaceae　悬钩子属 *Rubus*

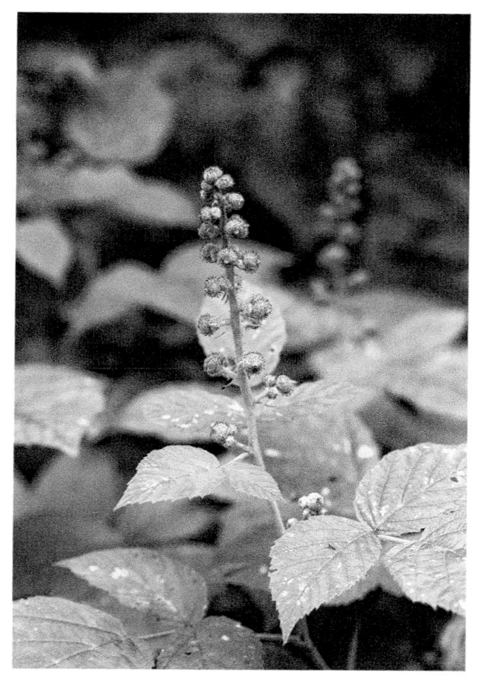

鉴别特征：灌木，高达 3 m；枝拱曲，小枝密被毛，疏生钩状皮刺。小叶常 3 枚，边缘有锯齿。总状或圆锥状花序；苞片线状披针形；花直径 6～10 mm；萼片卵形，花果时均直立；花瓣倒卵形或近圆形，紫红色；花柱无毛；子房稍具柔毛。果实近球形，直径约 1 cm，橘红色；核具细皱纹。花期 5—6 月，果期 7—8 月。

分布：产于保护区各林区；生于海拔 400 m 以上的山坡疏林、灌丛中或山谷河旁。

用途：果酸甜可食；根入药。

蛇莓 *Duchesnea indica*

蔷薇科 Rosaceae　蛇莓属 *Duchesnea*

鉴别特征：多年生草本；匍匐茎多数，有柔毛。小叶片倒卵形，边缘有钝锯齿，具小叶柄；叶柄有柔毛；托叶窄卵形。花单生于叶腋；有花梗；萼片卵形；副萼片倒卵形，比萼片长，先端具锯齿；花瓣倒卵形，黄色；雄蕊 20～30 枚；心皮多数，离生；花托在果期膨大，海绵质，鲜红色，有光泽。瘦果卵形。花期 6—8 月，果期 8—10 月。

分布：产于保护区各林区；生于山坡、河岸、草地和潮湿的地方。

用途：全草药用；可作农药。

委陵菜 *Potentilla chinensis*

蔷薇科 Rosaceae　委陵菜属 *Potentilla*

鉴别特征：多年生草本。花茎高达 70 cm，被柔毛。基生叶为羽状复叶；茎生叶与基生叶相似，唯叶片对数较少；基生叶托叶近膜质，褐色；茎生叶托叶草质，绿色，边缘锐裂。伞房状聚伞花序，有花梗，基部有披针形苞片；萼片三角卵形，副萼片带形；花瓣黄色，宽倒卵形；花柱近顶生，柱头扩大。瘦果卵球形，有明显皱纹。花果期 4—10 月。

分布：产于保护区各林区；生于山坡草地、沟谷、林缘、灌丛或疏林下。

用途：根含鞣质，可提制栲胶；全草药用；嫩苗可食并可作猪饲料。

蛇含委陵菜 *Potentilla kleiniana*

蔷薇科 Rosaceae　委陵菜属 *Potentilla*

鉴别特征：一年生或多年生宿根草本。花茎上升或匍匐，常于节处生根并发育出新植株，被柔毛。基生叶为鸟足状 5 小叶；小叶片倒卵形，边缘有锯齿；茎生叶下部 5 枚小叶，上部 3 枚小叶。聚伞花序密集枝顶；花直径 0.8～1.0 cm；萼片三角卵圆形；花瓣黄色，倒卵形，长于萼片；花柱近顶生，圆锥形，基部膨大，柱头扩大。瘦果近圆形，具皱纹。花果期 4—9 月。

分布：产于保护区各林区；生于田边、水旁及山坡草地。

用途：全草药用。

朝天委陵菜 *Potentilla supina*

蔷薇科 Rosaceae　委陵菜属 *Potentilla*

鉴别特征：一年生或二年生草本。茎叉状分枝，长达 50 cm。基生叶羽状复叶；小叶片长圆形或倒卵状长圆形，边缘有锯齿；茎生叶与基生叶相似；基生叶托叶膜质，茎生叶托叶草质。伞房状聚伞花序；花直径 0.6～0.8 cm；萼片三角卵形；花瓣黄色，倒卵形；花柱近顶生，基部乳头状膨大，花柱扩大。瘦果长圆形。花果期 3—10 月。

分布：产于保护区各林区；生于田边、荒地、河岸沙地、草甸和山坡湿地。

李 *Prunus salicina*

蔷薇科 Rosaceae　李属 *Prunus*

鉴别特征：落叶乔木，高达 12 m。叶片长圆倒卵形，边缘有锯齿；托叶膜质，线形，边缘有腺，早落。花通常 3 朵并生；萼筒钟状；萼片长圆卵形；花瓣白色，长圆倒卵形，具短爪，比萼筒长；雄蕊多数，花丝长短不等，排成 2 轮，比花瓣短；雌蕊 1 枚，柱头盘状。核果球形，基部有纵沟，外被蜡粉；核卵圆形，有皱纹。花期 4 月，果期 7—8 月。

分布：产于保护区各林区；生于山坡灌丛中、山谷疏林中或水边、沟底、路旁等处。

用途：温带果树。

尾叶樱桃 *Cerasus dielsiana*

蔷薇科 Rosaceae　樱属 *Cerasus*

鉴别特征：乔木或灌木，高达 10 m。叶片长椭圆形，有锯齿；托叶狭带形。花序伞形，先叶开放；总苞褐色，长椭圆形；苞片卵圆形，边缘撕裂状，有长柄腺体；萼筒钟形，长 3.5～5.0 mm，被疏柔毛，萼片长椭圆形，边有缘毛；花瓣白色或粉红色，卵圆形，先端 2 裂；花柱无毛。核果红色，近球形；核卵形表面较光滑。花期 3—4 月。

分布：产于保护区各林区；生于山谷、溪边、林中。

橉木 *Padus buergeriana*

蔷薇科 Rosaceae　稠李属 *Padus*

鉴别特征：落叶乔木，高 6～12 m。叶片椭圆形，边缘有锯齿，两面无毛；托叶膜质，线形，早落。总状花序具多花；萼筒钟状；萼片三角状卵形；花瓣白色，宽倒卵形；雄蕊 10 枚，花丝细长，着生在花盘边缘；花盘圆盘形，紫红色；心皮 1 枚，子房无毛，柱头圆盘状。核果近球形，黑褐色，无毛；果梗无毛；萼片宿存。花期 4—5 月，果期 5—10 月。

分布：产于保护区各林区；生于路旁和林缘。

鼠李科 Rhamnaceae

枳椇 *Hovenia acerba*

鼠李科 Rhamnaceae　枳椇属 *Hovenia*

鉴别特征：高大乔木。叶互生，厚纸质至纸质，宽卵形，边缘具锯齿。二歧式聚伞圆锥花序，顶生和腋生，被柔毛；花两性，萼片具网状脉或纵条纹，无毛，花瓣椭圆状匙形，具短爪；花盘被柔毛；花柱半裂，无毛。浆果状核果近球形，无毛，成熟时黄褐色；果序轴明显膨大；种子暗褐色。花期 5—7 月，果期 8—10 月。

分布：产于保护区各林区；生于开旷地、山坡林缘或疏林；庭院宅旁常有栽培。

用途：材用；果序轴可食用；种子药用。

圆叶鼠李 *Rhamnus globosa*

鼠李科 Rhamnaceae　鼠李属 *Rhamnus*

鉴别特征：灌木，小枝顶端具针刺。叶纸质，对生，近圆形，边缘具锯齿，网脉在下面明显；托叶线状披针形，宿存。花单性，雌雄异株，簇生于叶腋，4 基数，有花瓣，花萼和花梗均有毛，花柱 2~3 个，浅裂或半裂。核果球形，基部有宿存的萼筒，常具 2 分核，成熟时黑色；种子黑褐色，有光泽，背面有纵沟。花期 4—5 月，果期 6—10 月。

分布：产于保护区各林区；生于山坡、林下或灌丛。

用途：种子可榨油；茎皮、果实及根可作绿色染料；果实药用。

长叶冻绿 *Rhamnus crenata*

鼠李科 Rhamnaceae　鼠李属 *Rhamnus*

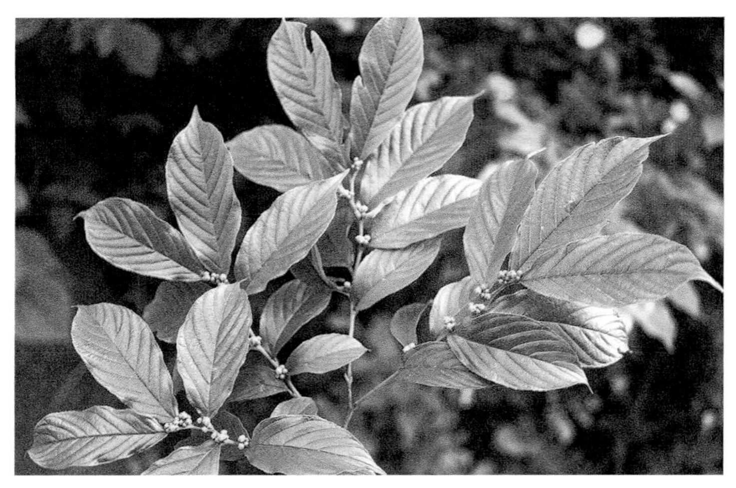

鉴别特征：落叶灌木或小乔木。叶纸质，倒卵状椭圆形，上面无毛，下面被柔毛。腋生聚伞花序；萼片三角形与萼管等长，花瓣近圆形，顶端 2 裂；雄蕊与花瓣等长而短于萼片；子房球形，无毛，3 室，每室具 1 枚胚珠，花柱不分裂，柱头不明显。核果球形，绿色或红色，成熟时黑色，具 3 个分核，各有种子 1 粒；种子无沟。花期 5—8 月，果期 8—10 月。

分布：产于保护区各林区；生于山地林下或灌丛中。

用途：根有毒，可入药；根和果实含黄色染料。

多花勾儿茶 *Berchemia floribunda*

鼠李科 Rhamnaceae　勾儿茶属 *Berchemia*

鉴别特征：藤状或直立灌木；叶纸质，上部叶较小，卵形，下部叶较大，椭圆形；托叶狭披针形，宿存；花多数，通常数个簇生排成顶生宽聚伞圆锥花序，花瓣倒卵形，雄蕊与花瓣等长。核果圆柱状椭圆形，基部有盘状的宿存花盘；果梗无毛。花期 7—10 月，果期翌年 4—7 月。

分布：产于保护区各林区；生于山坡、沟谷、林缘、林下或灌丛。

用途：根入药；嫩叶可代茶。

胡颓子科 Elaeagnaceae

木半夏 *Elaeagnus multiflora*

胡颓子科 Elaeagnaceae　胡颓子属 *Elaeagnus*

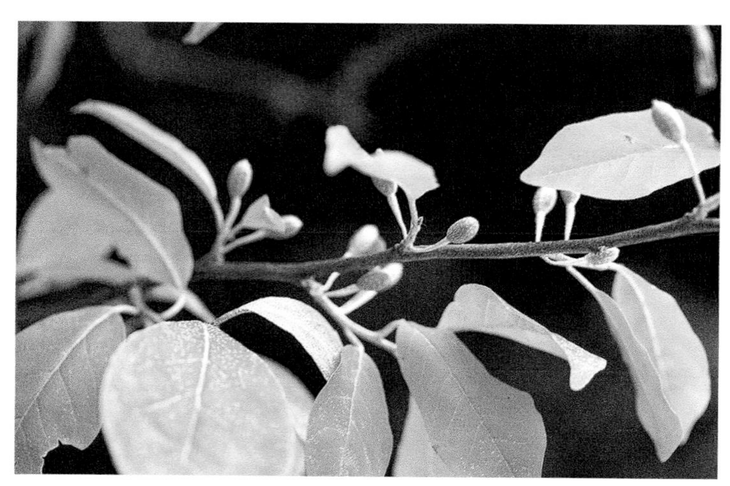

鉴别特征：落叶直立灌木。叶膜质或纸质，椭圆形或卵形，全缘。花白色，常单生；花梗纤细；萼筒圆筒形；雄蕊着生花萼筒喉部稍下，花丝极短，花药细小，矩圆形，花柱直立，无毛，长不超雄蕊。果实椭圆形，密被锈色鳞片，成熟时红色；果梗在花后伸长。花期 5 月，果期 6—7 月。

分布：产于保护区各林区。

用途：果实、根、叶药用；果实可作果酒和饴糖等。

榔榆 *Ulmus parvifolia*

榆科 Ulmaceae　榆属 *Ulmus*

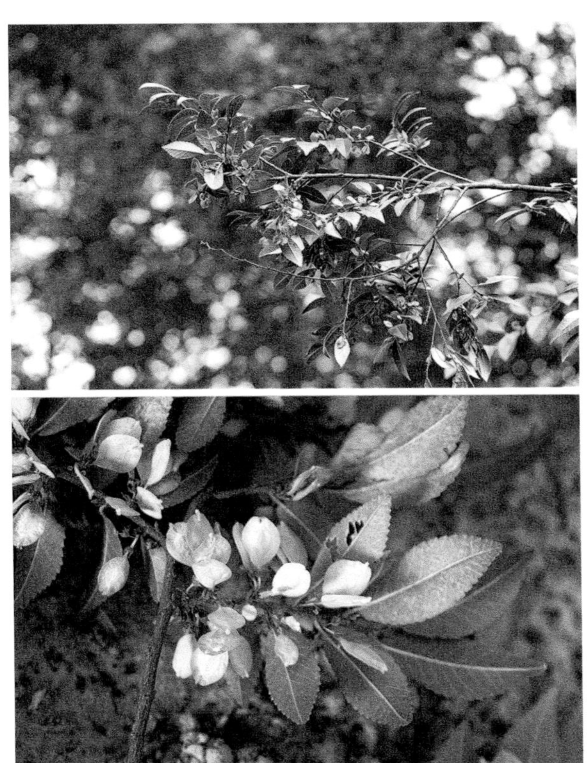

鉴别特征：落叶乔木，高达 25 m。叶质地厚，披针状卵形，边缘有锯齿。簇状聚伞花序，花被上部杯状，下部管状，花被片 4 枚，深裂，花梗极短，被毛。翅果椭圆形，果核部分位于翅果的中上部。花果期 8—10 月。

分布：产于保护区李家寨保护站及南岗保护站；生于海拔 300 m 以上的沟谷。

用途：材用；纤维植物（树皮）；树皮药用；造林树种。

青檀 *Pteroceltis tatarinowii*

榆科 Ulmaceae　青檀属 *Pteroceltis*

鉴别特征：乔木，高达 20 m。叶纸质，宽卵形，边缘有锯齿，基部 3 条脉；叶面幼时被短硬毛，后脱落常残留有圆点；叶背脉上有短柔毛；叶柄被短柔毛。翅果状坚果近圆形，翅宽，稍带木质，有放射线条纹，顶端有凹缺，果实外面常有不规则的皱纹，具宿存的花柱和花被，果梗纤细，被短柔毛。花期 3—5 月，果期 8—10 月。

分布：产于保护区李家寨保护站及树木园；生于沟谷杂林中。

用途：树皮纤维为制宣纸的主要原料；材用；种子可榨油；栽培观赏。

朴树 *Celtis sinensis*

榆科 Ulmaceae　朴属 *Celtis*

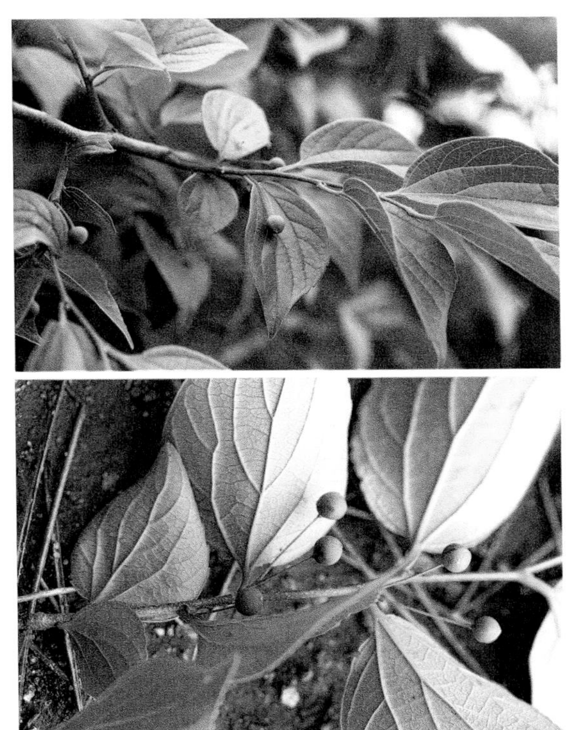

鉴别特征：落叶乔木，高达 20 m。叶卵形或卵状椭圆形，先端尖或渐尖，基部近对称或稍偏斜，近全缘或中上部具圆齿，下面脉腋具簇毛；叶柄长 0.3～1.0 cm。果单生叶腋，稀 2～3 枚集生，近球形，成熟时黄或橙黄色；果柄与叶柄近等长或稍短，被柔毛；果核近球形，白色，具肋及蜂窝状网纹。花期 3—4 月，果期 9—10 月。

分布：产于保护区各林区；多生于路旁、山坡和林缘。

紫弹树 *Celtis biondii*

榆科 Ulmaceae　朴属 *Celtis*

鉴别特征：落叶小乔木至乔木，高达 18 m。叶宽卵形、卵形至卵状椭圆形，薄革质，边稍反卷，上面脉纹多下陷，被毛的情况变异较大；有叶柄。托叶条状披针形，被毛，迟落。果序单生叶腋，通常具 2 果，总梗极短；果幼时被柔毛，逐渐脱净，黄色至橘红色，近球形，核具 4 肋，表面具明显的网孔状。花期 4—5 月，果期 9—10 月。

分布：产于各保护站山坡及河沟旁。

桑科 Moraceae

桑 *Morus alba*

桑科 Moraceae　桑属 *Morus*

鉴别特征：乔木或灌木状，高达 15 m。叶卵形，锯齿粗钝，有时缺裂，上面无毛，下面脉腋具簇生毛。花雌雄异株，雄花序下垂，密被柔毛，雄花花被椭圆形，淡绿色；雌花序被毛，花序梗被柔毛，雌花无梗，花被倒卵形，外面边缘被毛，包围子房，无花柱，柱头 2 裂，内侧具乳头状突起。聚花果卵状椭圆形，红色至暗紫色。花期 4—5 月，果期 5—7 月。

分布：保护区有栽培。

用途：叶可饲蚕；桑木材用；枝条可作造纸原料；果可食及酿酒；枝、叶、果药用。

柘 *Maclura tricuspidata*

桑科 Moraceae　柘属 *Maclura*

鉴别特征：落叶灌木或小乔木，高达 7 m；小枝有棘刺。叶卵形。雌雄异株，雌雄花序均为球形头状花序，单生或成对腋生，具短总花梗；雄花序直径 0.5 cm，雄花有苞片 2 枚，附着于花被片上，花被片 4 枚，肉质，雄蕊 4 枚；雌花序直径 1.0~1.5 cm，花被片 4 枚，先端盾形，内卷。聚花果近球形，肉质，成熟时橘红色。花期 5—6 月，果期 6—7 月。

分布：产于保护区各林区；生于海拔 500 m 以上的阳光充足的山地或林缘。

用途：茎皮纤维可以造纸；根皮药用；嫩叶可以养幼蚕；果可生食或酿酒；材用；木材心部黄色可作染料；绿篱树种。

葎草 *Humulus scandens*

桑科 Moraceae　葎草属 *Humulus*

鉴别特征：缠绕草本，茎、枝、叶柄均具倒钩刺。叶纸质，肾状五角形，掌状深裂，表面粗糙，疏生糙伏毛，背面有柔毛和黄色腺体，边缘具锯齿。雄花小，黄绿色，圆锥花序；雌花序球果状，苞片纸质，三角形，顶端渐尖，具白色绒毛；子房为苞片包围，柱头 2 枚，伸出苞片外。瘦果成熟时露出苞片外。花期春夏，果期秋季。

分布：保护区内常见；生于路旁和旷野。

用途：全株药用；茎皮纤维可作造纸原料；种子油可制肥皂；果穗可代啤酒花用。

异叶榕 *Ficus heteromorpha*

桑科 Moraceae　榕属 *Ficus*

鉴别特征：落叶灌木或小乔木，高达 5 m。叶多形，背面有细小钟乳体；叶柄红色。榕果成对生短枝叶腋，无总梗，球形，光滑，成熟时紫黑色，雄花和瘿花同生于一榕果中；雄花散生内壁，花被片 4～5 枚，匙形，雄蕊 2～3 枚；瘿花花被片 5～6 枚，子房光滑，花柱短；雌花花被片 4～5 枚，包围子房，花柱侧生，柱头画笔状，被柔毛。瘦果光滑。花期 4—5 月，果期 5—7 月。

分布：产于鸡公山、武胜关和大深沟；生于沟边和溪旁。

用途：茎皮纤维供造纸；榕果可食；叶可作猪饲料。

构树 *Broussonetia papyifera*

桑科 Moraceae　构属 *Broussonetia*

鉴别特征：乔木或灌木状，高达 16 m。小枝密被灰色粗毛。叶宽卵形，具粗锯齿，不裂或 2～5 裂，上面粗糙，被糙毛，下面密被绒毛，基生叶脉 3 出；叶柄被糙毛，托叶卵形。花雌雄异株；雄花序粗；雄花花被 4 裂；雌花序头状。聚花果球形，熟时橙红色，肉质；瘦果具小瘤。花期 4—5 月，果期 6—7 月。

分布：保护区内常见。

用途：韧皮纤维可作造纸材料；果及根、皮可供药用。

楮 *Broussonetia kazinoki*

桑科 Moraceae　构属 *Broussonetia*

鉴别特征：灌木，高达4 m。叶卵形，具三角形锯齿，不裂或3裂，上面粗糙，下面被柔毛；叶柄长1 cm，托叶线状披针形。花雌雄同株；雄花序头状；雄花花被4裂，外面被毛，雄蕊4枚；雌花序头状，被柔毛，花被筒状，顶端齿裂，或近全缘。聚花果球形；瘦果扁球形，果皮壳质，具小瘤。花期4—5月，果期5—6月。

分布：产于保护区各林区；生于山坡林缘、沟边和住宅旁。

用途：韧皮纤维可以造纸。

冷水花 *Pilea notata*

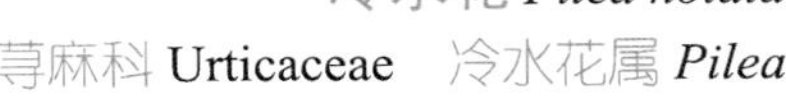

鉴别特征：多年生草本。茎肉质，纤细，无毛，密布条形钟乳体。叶纸质，狭卵形，边缘有浅锯齿，基出脉 3 条，侧脉呈网脉；托叶大，绿色，脱落。雌雄异株；雄花序聚伞总状；雌聚伞花序较短而密集。雄花花被片绿黄色，4 深裂，雄蕊 4 枚，花药白色，花丝与药隔红色。瘦果小，圆卵形，有明显刺状小疣点突起；宿存花被片 3 深裂。花期 6—9 月，果期 9—11 月。

分布：产于保护区各林区；生于山谷、溪旁或林下阴湿处。

用途：全草药用。

小叶冷水花 *Pilea microphylla*

荨麻科 Urticaceae　冷水花属 *Pilea*

鉴别特征：纤细草本，高达 17 cm。茎多分枝，密布线形钟乳体。叶同对的不等大，倒卵形，全缘，下面干时细蜂巢状，上面钟乳体线形，叶脉羽状；叶柄三角形。雌雄同株，有时同序，聚伞花序密集成头状。雄花具梗；花被片 3 枚，果实中间 1 枚长圆形，与果近等长，侧生 2 枚卵形，先端尖，薄膜质。瘦果卵圆形，褐色，光滑。花期夏秋季，果期秋季。

分布：原产于南美洲热带。保护区内有栽培，已野化；生于路边、石缝和墙壁阴湿处。

用途：栽培观赏。

苎麻 *Boehmeria nivea*

荨麻科 Urticaceae　苎麻属 *Boehmeria*

鉴别特征：亚灌木或灌木，高达 1.5 m。叶互生；叶片草质，常圆卵形，边缘在基部之上有牙齿，上面稍粗糙，疏被短伏毛，下面密被雪白色毡毛；托叶分生，钻状披针形。圆锥花序腋生。雄花：花被片 4 枚，狭椭圆形，合生至中部，雄蕊 4 枚；雌花：花被片椭圆形，柱头丝形。瘦果近球形，光滑，基部突缩成细柄。花期 8—10 月。

分布：产于保护区各林区；生于林下、林缘及草地。

用途：茎皮纤维可供纺织；全株可药用；嫩叶可养蚕；种子可榨油。

悬铃叶苎麻 *Boehmeria tricuspis*

荨麻科 Urticaceae　苎麻属 *Boehmeria*

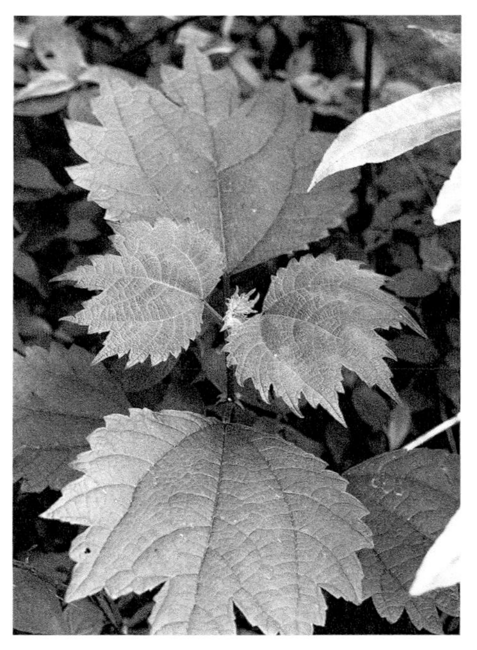

鉴别特征：亚灌木或多年生草本，茎高达 1.5 m。叶对生，纸质，扁五角形，上部叶常卵形，先端 3 骤尖或 3 浅裂，基部平截，叶缘有齿，上面被糙伏毛，下面密被柔毛。花单性，雌雄异株或同株；穗状花序单生叶腋，分枝。雄花花被片 4 枚，椭圆形，下部合生；雄蕊 4 枚；退化雌蕊无短尖头。花期 7—8 月。

分布：产于保护区各林区；生于海拔 500 m 以上的山谷疏林下和沟边。

用途：茎皮纤维可供纺织，也可造纸；根、叶药用；叶可作猪饲料；种子可榨油。

赤瓟 *Thladiantha dubia*

葫芦科 Cucurbitaceae　赤瓟属 *Thladiantha*

鉴别特征：攀缘草质藤本，全株被硬毛；根块状；茎有棱沟。叶片宽卵状心形，边缘波状。卷须纤细，单一。雌雄异株；雄花单生或聚生于短枝的上端呈假总状花序；花冠黄色；雄蕊 5 枚；退化子房半球形。雌花单生，退化雌蕊 5 枚，子房长圆形，花柱分 3 叉，柱头膨大，肾形，2 裂。果实卵状长圆形，橙黄色，有光泽。种子卵形，黑色。花期 6—8 月，果期 8—10 月。

分布：产于保护区各林区；生于海拔 300 m 以上的山坡、河谷及林缘湿处。

用途：果实和根入药。

盒子草 *Actinostemma tenerum*

葫芦科 Cucurbitaceae　盒子草属 *Actinostemma*

鉴别特征：柔弱草本；被毛；叶形变异大，两面具疣状凸起。卷须细，2 歧。雄花总状；花萼裂片线状披针形；花冠裂片披针形；雄蕊 5 枚，药隔伸出于花药成乳头状。雌花单生，双生或雌雄同序；花萼和花冠同雄花；子房卵状，有疣状凸起。果实绿色，卵形，疏生鳞片状凸起，果盖锥形，具种子 2～4 粒。种子表面有不规则雕纹。花期 7—9 月，果期 9—11 月。

分布：产于保护区各林区；生于水边草丛中。

用途：全草药用；种子含油。

茅栗 *Castanea seguinii*

壳斗科 Fagaceae　栗属 *Castanea*

鉴别特征：小乔木或灌木状，高达 5 m。叶倒卵状椭圆形；有叶柄。雄花序长 5～12 cm，雄花簇有花 3～5 朵；雌花单生或生于混合花序的花序轴下部，花柱 9 个或 6 个，无毛；壳斗外壁密生锐刺；坚果无毛或顶部有疏伏毛。花期 5—7 月，果期 9—11 月。

分布：产于保护区各林区；生于沟谷杂林中。

用途：果可食用。

桦木科 Betulaceae

鹅耳枥 *Carpinus turczaninowii*

桦木科 Betulaceae　鹅耳枥属 *Carpinus*

鉴别特征：乔木，高达 15 m。幼枝被柔毛。叶卵形，先端尖或渐尖，基部近圆，下面沿脉疏被柔毛，脉腋具髯毛，具重锯齿，侧脉 8～12 对；叶柄疏被柔毛。雌花序长 3～6 cm；苞片半卵形，疏被柔毛，外缘缺齿，内缘全缘或疏生细齿，基部具卵形、内折裂片。小坚果宽卵球形，顶端被长柔毛，具树脂腺体及纵肋。花期 4—5 月，果期 8—9 月。

分布：产于保护区各林区；生于海拔 500 m 以上的山坡或山谷林中。

用途：材用；种子含油，可供食用或工业用。

化香树 *Platycarya strobilacea*

胡桃科 Juglandaceae　化香树属 *Platycarya*

鉴别特征：落叶小乔木，高达 6 m。小叶纸质。两性花序和雄花序在小枝顶端排列成伞房状花序束，直立；两性花序通常 1 条，着生于中央顶端，雌花序位于下部；雄花序通常 3~8 条，位于两性花序下方四周。雄蕊 6~8 枚，花药黄色，雌花花被 2 枚。果序球果状，宿存苞片木质；果实小坚果状，两侧具狭翅。种子卵形。花期 5—6 月，果期 7—8 月。

分布：生于阳坡或半阴坡杂木林及灌丛中。

用途：树皮、根皮、叶和果序均含鞣质，可提制栲胶；树皮可剥取纤维；叶可作农药；根部及老木含有芳香油；种子可榨油。

枫杨 *Pterocarya stenoptera*

胡桃科 Juglandaceae　枫杨属 *Pterocarya*

鉴别特征：乔木，高达 30 m。偶数稀奇数羽状复叶，叶轴具窄翅，被短毛；小叶无柄，长椭圆形，具内弯细锯齿，下面疏被腺鳞，侧脉腋内具簇生星状毛。雄葇荑花序单生于去年生枝叶腋。雌葇荑花序顶生，花序轴密被星状毛及单毛；雌花苞片无毛或近无毛。果长椭圆形，基部被星状毛；果翅条状长圆形。花期 4—5 月，果期 8—9 月。

分布：产于保护区各林区；生于溪边或林中。

用途：园林树种；行道树种；树皮及枝皮含鞣质，可提取栲胶；材用，木材轻软。

胡桃楸 *Juglans mandshurica*

胡桃科 Juglandaceae　胡桃属 *Juglans*

鉴别特征：乔木，高达 20 余米。奇数羽状复叶；叶柄及叶轴被有毛；小叶椭圆形，边缘具细锯齿。雄性葇荑花序，雄花具短花柄；苞片顶端钝，小苞片 2 枚，花被片 1 枚；雄蕊 12 枚，花药黄色。雌性穗状花序，雌花花被片披针形，被柔毛，柱头鲜红色。果序俯垂。果实球状，顶端尖；果核表面具纵棱；花期 5 月，果期 8—9 月。

分布：产于保护区各林区；保护区有栽培。

用途：种子可榨油；种仁可食；材用；树皮、叶及外果皮含鞣质，可提取栲胶；树皮纤维可造纸；枝、叶、皮可作农药。

胡桃 *Juglans regia*

胡桃科 Juglandaceae　胡桃属 *Juglans*

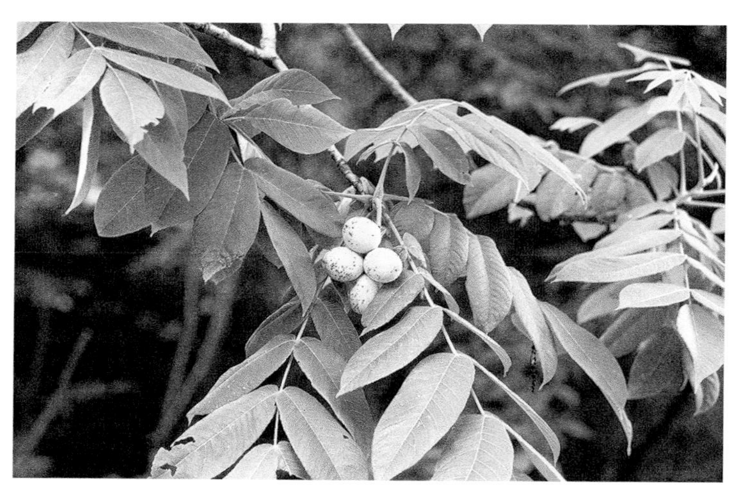

鉴别特征：乔木，高达 25 m。奇数羽状复叶，小叶椭圆状卵形，全缘，无毛，基部歪斜、近圆。雄性葇荑花序下垂；雄花苞片、小苞片及花被片均被腺毛，雄蕊 6~30 枚，花药无毛。雌穗状花序具 1~4 朵花。果序短，俯垂，具 1~3 个果。果近球形，无毛；果核稍皱曲，具 2 纵棱，顶端具短尖头；隔膜较薄。花期 4—5 月，果期 9—10 月。

分布：产于保护区各林区；保护区有栽培。

用途：种仁含油量高，可生食，亦可榨油食用；材用。

千屈菜科 Lythraceae

千屈菜 *Lythrum salicaria*

千屈菜科 Lythraceae　千屈菜属 *Lythrum*

鉴别特征：多年生草本，枝通常具 4 棱。叶对生或三叶轮生，全缘，无柄。花组成小聚伞花序，簇生；苞片阔披针形；萼筒长 5~8 mm，有纵棱 12 条，裂片 6 片，三角形；附属体针状，直立；花瓣 6 瓣，红紫色或淡紫色，倒披针状长椭圆形，着生于萼筒上部，有短爪，稍皱缩；雄蕊 12 枚，6 长 6 短，伸出萼筒之外；子房 2 室，花柱长短不一。蒴果扁圆形。

分布：产于保护区各林区；生于河岸、湖畔、溪沟边和潮湿草地。

用途：花卉植物；全草药用。

紫薇 *Lagerstroemia indica*

千屈菜科 Lythraceae　紫薇属 *Lagerstroemia*

鉴别特征：落叶灌木或小乔木，高达 7 m；枝干多扭曲。叶互生或有时对生，纸质，椭圆形。花淡红色或紫色、白色，顶生圆锥花序；花萼三角形，直立，无附属体；花瓣 6 瓣，皱缩，长 12～20 mm，具长爪；雄蕊多，外面 6 枚着生于花萼上，比其余的长得多。蒴果椭圆状球形，幼时绿色至黄色，成熟时紫黑色，室背开裂；种子有翅。花期 6—9 月，果期 9—12 月。

分布：保护区有栽培。

用途：栽培观赏；材用；树皮、叶及花药用。

月见草 *Oenothera biennis*

柳叶菜科 Onagraceae　月见草属 *Oenothera*

鉴别特征：直立二年生粗壮草本。基生叶倒披针形，茎生叶椭圆形，叶边缘有钝齿，两面被毛。花序穗状；苞片叶状，果时宿存；萼片绿色，长圆状披针形；花瓣黄色，宽倒卵形；花丝近等长；子房绿色，圆柱状，具4棱，密被毛；花柱伸出花管；柱头围以花药。蒴果锥状圆柱形，直立。种子在果中呈水平状排列，棱形，具棱角，各面具不整齐洼点。

分布：原产北美。保护区栽培或逸为野生；生于开旷荒坡和路旁。

用途：种子含油量25.1%。

十字花科 Brassicaceae

蔊菜 *Rorippa indica*

十字花科 Brassicaceae　蔊菜属 *Rorippa*

鉴别特征：一二年生直立草本，高达 40 cm。叶互生，叶形多变化，通常大头羽状分裂。总状花序顶生或侧生，花小，多数，具细花梗；萼片 4 枚，卵状长圆形；花瓣 4 瓣，黄色，匙形；雄蕊 6 枚。长角果线状圆柱形，短而粗，成熟时果瓣隆起。种子每室 2 行，多数，细小，卵圆形而扁。花期 4—6 月，果期 6—8 月。

分布：产于保护区各林区；生于路旁、田边、园圃、河边、屋边墙脚及山坡路旁等较潮湿处。

用途：全草入药。

菥蓂 *Thlaspi arvense*

十字花科 Brassicaceae　菥蓂属 *Thlaspi*

鉴别特征：一年生草本，高达 60 cm。基生叶倒卵状长圆形，基部抱茎，两侧箭形，边缘具疏齿。总状花序顶生；花白色，直径约 2 mm；花梗细；萼片直立，卵形；花瓣长圆状倒卵形。短角果倒卵形或近圆形，扁平，顶端凹入，边缘有翅宽约 3 mm。种子每室 2~8 粒，倒卵形，稍扁平，黄褐色，有同心环状条纹。花期 3—4 月，果期 5—6 月。

分布：产于保护区各林区；生于平地路旁、沟边或村落附近。

用途：种子含油，可工业用，还可食用；全草、嫩苗和种子均入药；嫩苗可食用。

北美独行菜 *Lepidium virginicum*

十字花科 Brassicaceae　独行菜属 *Lepidium*

鉴别特征：一年或二年生草本，高达 50 cm。基生叶倒披针形，羽状分裂，边缘有锯齿，两面有毛；茎生叶有短柄，倒披针形。总状花序顶生；萼片椭圆形；花瓣白色，倒卵形；雄蕊 2 枚或 4 枚。短角果近圆形，扁平，有窄翅，顶端微缺，花柱极短。种子卵形，光滑，红棕色，边缘有窄翅；子叶缘倚胚根。花期 4—5 月，果期 6—7 月。

分布：产于保护区各林区；生于路边或荒地。

用途：种子入药；全草可作饲料。

荠 *Capsella bursa-pastoris*

十字花科 Brassicaceae　荠属 *Capsella*

鉴别特征：一年或二年生草本，高达 50 cm。基生叶丛生呈莲座状，大头羽状分裂；茎生叶窄披针形，抱茎，边缘有缺刻或锯齿。总状花序顶生及腋生，果期延长达 20 cm；萼片长圆形；花瓣白色，卵形，有短爪。短角果倒三角形，扁平，无毛，顶端微凹，裂瓣具网脉。种子 2 行，长椭圆形，浅褐色。花果期 4—6 月。

分布：产于保护区各林区；生于山坡、田边及路旁。

用途：全草入药；茎叶作蔬菜食用；种子含油量 20%～30%。

诸葛菜 *Orychophragmus violaceus*

十字花科 Brassicaceae　诸葛菜属 *Orychophragmus*

鉴别特征：一年或二年生草本，高达 50 cm。基生叶及下部茎生叶大头羽状全裂，上部叶长圆形或窄卵形，抱茎，边缘有不整齐牙齿。花紫色、浅红色或褪成白色；花萼筒状，紫色；花瓣宽倒卵形，密生细脉纹。长角果线形。具 4 棱，裂瓣有 1 凸出中脊。种子卵形，黑棕色，有纵条纹。花期 4—5 月，果期 5—6 月。

分布：产于保护区各林区；生于平原、山地、路旁或地边。

用途：嫩茎可食；种子可榨油。

播娘蒿 *Descurainia sophia*

十字花科 Brassicaceae　播娘蒿属 *Descurainia*

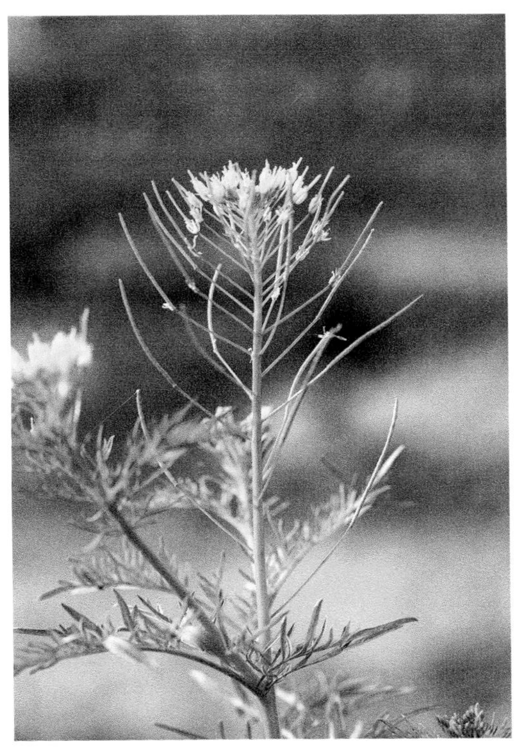

鉴别特征：一年生草本，高达 80 cm。叶 3 回羽状深裂。花序伞房状，果期伸长；花瓣黄色，长圆状倒卵形，长 2.0～2.5 mm，具爪；雄蕊 6 枚，比花瓣长。长角果圆筒状，无毛，与果梗不成 1 条直线，果瓣中脉明显；果梗长 1～2 cm。种子每室 1 行，种子形小，多数，长圆形，淡红褐色，表面有细网纹。花期 4—5 月。

分布：产于保护区各林区；生于山坡、田野及农田。

用途：种子含油量 40%；种子药用。

小花糖芥 *Erysimum cheiranthoides*

十字花科 Brassicaceae　糖芥属 *Erysimum*

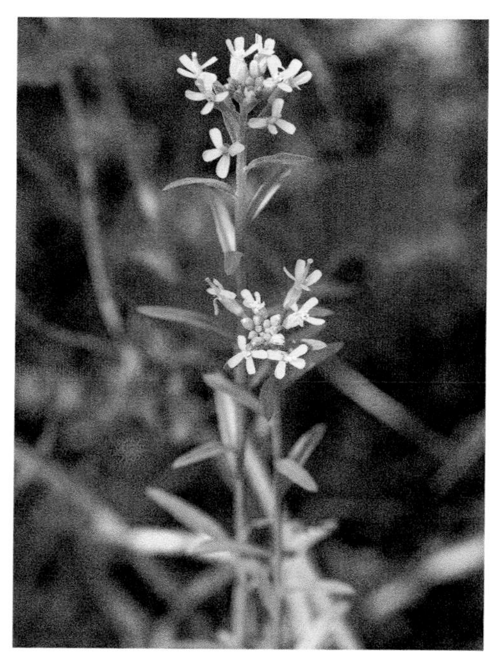

鉴别特征：一年生草本，高达 50 cm；茎有棱角，具毛。基生叶莲座状；茎生叶披针形或线形，边缘具深波状疏齿或近全缘，两面具毛。总状花序顶生；花瓣浅黄色，长圆形。长角果圆柱形，长 2～4 cm，具毛；果梗粗；种子每室 1 行，种子卵形，淡褐色。花期 5 月，果期 6 月。

分布：产于保护区各林区；生于路旁及村旁荒地。

用途：种子药用。

椴树 *Tilia tuan*

锦葵科 Malvaceae　椴树属 *Tilia*

鉴别特征：乔木，树皮直裂。叶卵圆形，上面无毛，下面有星状柔毛，边缘上半部有齿突。聚伞花序，无毛；苞片狭窄倒披针形，无柄，上面常无毛，下面有星状柔毛，下半部花序柄合生；萼片长圆状披针形，被茸毛，内面有长茸毛；子房有毛，花柱长 4～5 mm。果实球形，无棱，有小突起，被星状茸毛。花期 7 月。

分布：产于保护区各林区。

扁担杆 *Grewia biloba*

锦葵科 Malvaceae　扁担杆属 *Grewia*

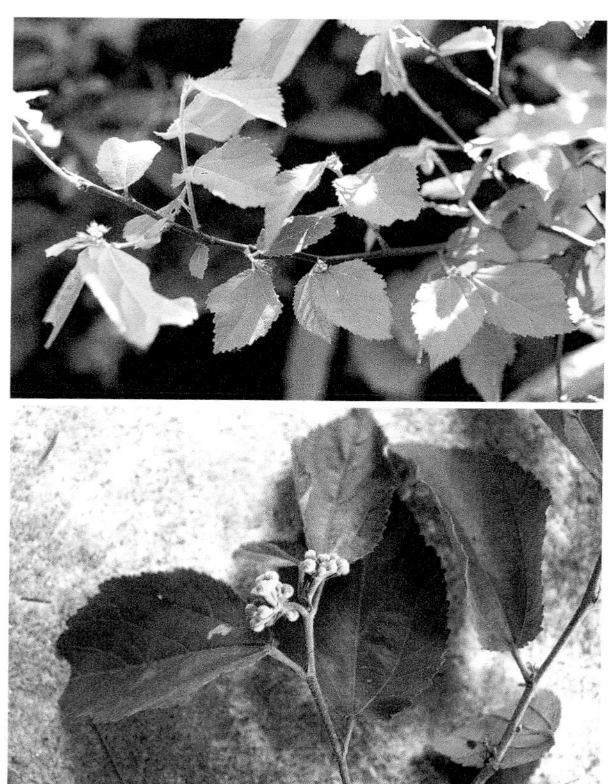

鉴别特征：灌木或小乔木，多分枝；嫩枝被粗毛。叶薄革质，椭圆形或倒卵状椭圆形，两面有稀疏星状粗毛，基出脉 3 条，边缘有细锯齿；叶柄被粗毛；托叶钻形。聚伞花序腋生，多花，苞片钻形；萼片狭长圆形，外面被毛，内面无毛；雌雄蕊柄有毛；子房有毛，花柱与萼片平齐，柱头扩大，盘状，有浅裂。核果红色，有 2～4 颗分核。花期 5—7 月。

分布：产于保护区各林区。

苘麻 *Abutilon theophrasti*

锦葵科 Malvaceae　苘麻属 *Abutilon*

鉴别特征：一年生亚灌木状草本，高达 2 m。叶互生，圆心形，边缘具锯齿，两面均密被星状柔毛。花单生于叶腋；花萼杯状，密被短绒毛，裂片 5 片，卵形；花黄色，花瓣倒卵形；雄蕊柱平滑无毛，心皮顶端平截，具扩展、被毛的长芒 2 枚，排列成轮状。蒴果半球形，分果爿 15~20 枚，被粗毛，顶端具长芒 2 枚；种子肾形。花期 7—8 月。

分布：产于保护区各林区；见于路旁、荒地和田野间。

用途：茎皮纤维发达；种子含油量 15%~16%；种子药用；全草药用。

蜀葵 *Alcea rosea*

锦葵科 Malvaceae　蜀葵属 *Alcea*

鉴别特征：二年生直立草本，茎枝密被刺毛。叶近圆心形，掌状浅裂，两面被毛。花腋生，单生或近簇生，排列成总状花序式，具叶状苞片；小苞片杯状，基部合生；萼钟状 5 齿裂；花大，有红、紫、白等色，单瓣或重瓣，花瓣倒卵状三角形，基部狭；花丝纤细，花药黄色。果盘状，被毛，分果爿近圆形，多数，背部厚，具纵槽。花期 2—8 月。

分布：保护区栽培或逸为野生。

用途：全草入药；茎皮含纤维可代麻用。

竹叶花椒 *Zanthoxylum armatum*

芸香科 Rutaceae　花椒属 *Zanthoxylum*

鉴别特征：落叶小乔木；茎枝多锐刺，小叶背面中脉上常有小刺。翼叶明显；小叶对生。花序近腋生或同时生于侧枝之顶；花被片 6~8 片；雄花的雄蕊 5~6 枚，药隔顶端有 1 干后变褐黑色油点；不育雌蕊垫状凸起，顶端 2~3 浅裂；雌花有心皮 2~3 枚，不育雄蕊短线状。果紫红色，有油点；种子褐黑色。花期 4—5 月，果期 8—10 月。

分布：产于保护区各林区；见于低丘陵坡地至山地多类环境，石灰岩山地亦常见。

用途：药用；可用作驱虫及醉鱼剂。

枳 *Poncirus trifoliata*

芸香科 Rutaceae　柑橘属 *Citrus*

鉴别特征：小乔木，高达 5 m。枝有纵棱，刺长。叶柄有翼叶，通常指状 3 出叶。花单朵或成对腋生，有完全花及不完全花，后者雄蕊发育，雌蕊萎缩，花有大、小二型；花瓣白色，匙形；雄蕊花丝不等长。果近圆球形，油胞小而密，果心充实，瓢囊 6~8 瓣，果肉含黏腋，甚酸且苦，带涩味；种子阔卵形。花期 5—6 月，果期 10—11 月。

分布：保护区栽培或野生。

用途：果实药用；枳叶及果皮含精油；种子含油。

楝科 Meliaceae

楝 *Melia azedarach*

楝科 Meliaceae　楝属 *Melia*

鉴别特征：落叶乔木，高达10余米。2~3回奇数羽状复叶，边缘有锯齿。圆锥花序；花芳香；花萼5深裂；花瓣淡紫色，倒卵状匙形；雄蕊管紫色，管口有狭裂片10片，花药10室；子房近球形，无毛，花柱细长，柱头头状，顶端具5齿，不伸出雄蕊管。核果球形，内果皮木质；种子椭圆形。花期4—5月，果期10—12月。

分布：产于保护区新店保护站、树木园；生于低海拔的旷野、路旁或疏林。

用途：造林树种；材用；鲜叶可作农药；根皮有毒可驱虫；果核仁含油可供制油漆、润滑油和肥皂。

苦木科 Simaroubaceae

臭椿 *Ailanthus altissima*

苦木科 Simaroubaceae　臭椿属 *Ailanthus*

鉴别特征：落叶乔木。奇数羽状复叶，小叶对生，纸质，卵状披针形，叶揉碎后具臭味。圆锥花序；花淡绿色，萼片 5 枚，覆瓦状排列；花瓣 5 瓣，基部两侧被硬粗毛；雄蕊 10 枚，花丝基部密被硬粗毛，雄花中的花丝长于花瓣，雌花中的花丝短于花瓣；花药长圆形；心皮 5 枚，花柱黏合，柱头 5 裂。翅果长椭圆形，种子位于翅的中间，扁圆形。花期 4—5 月，果期 8—10 月。

分布：产于保护区各林区。

用途：造林树种；园林树种；材用；叶可饲椿蚕；树皮、根皮、果实均可入药；种子含油量 35%。

漆树科 Anacardiaceae

盐肤木 *Rhus chinensis*

漆树科 Anacardiaceae　盐肤木属 *Rhus*

鉴别特征：落叶小乔木或灌木。奇数羽状复叶，叶轴具叶状翅，密被锈色柔毛。圆锥花序宽大，多分枝，密被锈色柔毛；花白色；雄花：花瓣开花时外卷；雄蕊伸出，花丝线形，花药卵形；子房不育；雌花：花瓣边缘具细睫毛；雄蕊极短；花盘无毛；子房卵形，密被毛，花柱 3 根，柱头头状。核果球形，成熟时红色。花期 8—9 月，果期 10 月。

分布：产于保护区各林区；生于向阳山坡、沟谷、溪边的疏林或灌丛中。

用途：为五倍子蚜虫寄主植物；幼枝和叶可作农药；种子可榨油；根、叶、花及果均可药用。

木蜡树 *Toxicodendron sylvestre*

漆树科 Anacardiaceae　漆属 *Toxicodendron*

鉴别特征：落叶乔木或小乔木，高达 10 m。奇数羽状复叶互生；小叶对生，纸质，卵形，全缘。圆锥花序长 8～15 cm，密被锈色绒毛；花黄色；花萼无毛，裂片卵形；花瓣长圆形，长约 1.6 mm；雄蕊伸出，花丝线形，花药卵形，在雌花中雄蕊较短，花丝钻形；花盘无毛；子房球形。核果极偏斜，压扁，具光泽，无毛，成熟时不裂，中果皮蜡质，果核坚硬。

分布：产于保护区武胜关保护站、红花保护站、南岗保护站和李家寨保护站；生于沟谷杂林中。

黄连木 *Pistacia chinensis*

漆树科 Anacardiaceae　黄连木属 *Pistacia*

鉴别特征：落叶乔木，高达 20 余米。奇数羽状复叶互生；小叶对生，纸质，披针形，全缘。花单性异株，先花后叶，圆锥花序腋生，雄花序排列紧密，雌花序排列疏松；花小；雄花花被片披针形；雄蕊花丝极短，花药长圆形；雌花花被片 7~9 片；子房球形，花柱极短，柱头 3 个，厚肉质，红色。核果倒卵状球形，成熟时紫红色。花期 3—4 月，果期 9—11 月。

分布：产于保护区武胜关保护站、红花保护站、南岗保护站；生于石山林中。

用途：木材可提黄色染料；材用；种子含油；幼叶可作蔬菜，并可代茶。

无患子科 Sapindaceae

栾树 *Koelreuteria paniculata*

无患子科 Sapindaceae　栾属 *Koelreuteria*

鉴别特征：落叶乔木或灌木。叶一回、不完全二回羽状复叶，纸质，卵形，边缘有锯齿。聚伞圆锥花序长 25~40 cm，分枝长而广展；花淡黄色，萼裂片卵形，边缘具腺状缘毛，呈啮蚀状；花瓣 4 瓣，开花时向外反折，线状长圆形；雄蕊 8 枚；花盘偏斜；子房三棱形。蒴果圆锥形，具 3 棱；种子近球形。花期 6—8 月，果期 9—10 月。

分布：产于保护区各林区。

用途：常栽培作庭园观赏树；材用；叶可作蓝色染料，花供药用，亦可作黄色染料。

青榨槭 *Acer davidii*

无患子科 Sapindaceae　槭属 *Acer*

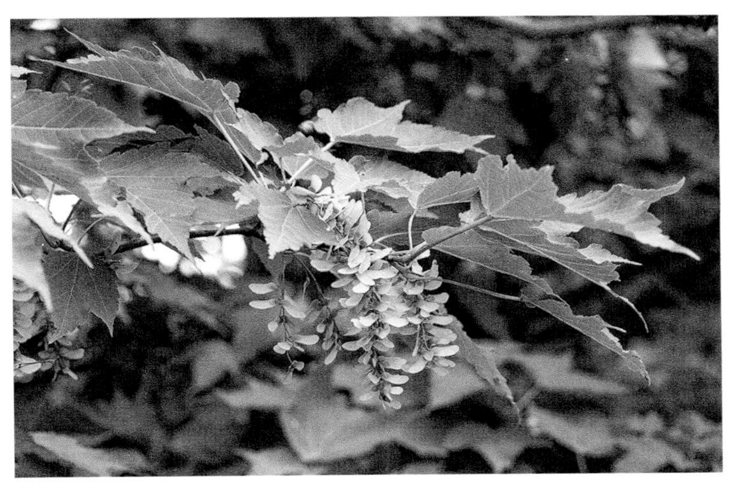

鉴别特征：落叶乔木。叶纸质，长圆卵形，边缘具齿。花黄绿色，杂性，雄花与两性花同株，成下垂的总状花序；萼片 5 枚，花瓣 5 瓣，雄蕊 8 枚，无毛，在两性花中不发育，花药黄色，子房被短柔毛，在雄花中不发育。花柱无毛，细瘦，柱头反卷。翅果展开成钝角或几成水平。花期 4 月，果期 9 月。

分布：产于保护区各林区。

用途：绿化、造林树种；树皮含丹宁。

五裂槭 *Acer oliverianum*

无患子科 Sapindaceae　槭属 *Acer*

鉴别特征：落叶小乔木，高达 7 m。叶纸质，5 裂。花杂性，雄花与两性花同株，常生成无毛的伞房花序；萼片 5 枚，紫绿色，卵形或椭圆卵形；花瓣 5 瓣，淡白色，卵形，先端钝圆，长 3～4 mm；雄蕊 8 枚，花药黄色；花盘位于雄蕊的外侧；花柱无毛，2 裂，柱头反卷。翅果，小坚果凸起；嫩翅时淡紫色，成熟时黄褐色，镰刀形，张开近水平。花期 5 月，果期 9 月。

分布：产于保护区各林区；生于林边或疏林。

建始槭 *Acer henryi*

无患子科 Sapindaceae　槭属 *Acer*

鉴别特征：落叶乔木。叶纸质，3 小叶组成的复叶；小叶椭圆形或长圆椭圆形，全缘或近先端部分钝锯齿。穗状花序，下垂，有短柔毛，常由 2~3 年无叶的小枝旁边生出，稀由小枝顶端生出，花淡绿色，单性，雄花与雌花异株；萼片 5 枚；花瓣 5 瓣，短小或不发育；雄花有雄蕊 4~6 枚，通常 5 枚；雌花的子房无毛，花柱短，柱头反卷。翅果，小坚果凸起，张开成锐角或近于直立。花期 4 月，果期 9 月。

分布：产于保护区红花保护站、李家寨保护站、新店保护站；生于疏林。

梣叶槭 *Acer negundo*

无患子科 Sapindaceae　槭属 *Acer*

鉴别特征：落叶乔木，高达 20 m。羽状复叶，有 3~7 枚小叶；小叶纸质，卵形，边缘常有粗锯齿。雄花的花序聚伞状，雌花的花序总状，常下垂，花小，黄绿色，开于叶前，雌雄异株，无花瓣及花盘，雄蕊 4~6 枚，花丝很长，子房无毛。小坚果凸起，近于长圆形，无毛；翅张开成锐角或近于直角。花期 4—5 月，果期 9 月。

分布：原产北美洲。我国引种，产于保护区各林区。

用途：早春开花，花蜜丰富，是很好的蜜源植物；可作行道树或庭园树。

省沽油科 Staphyleaceae

省沽油 *Staphylea bumalda*

省沽油科 Staphyleaceae　省沽油属 *Staphylea*

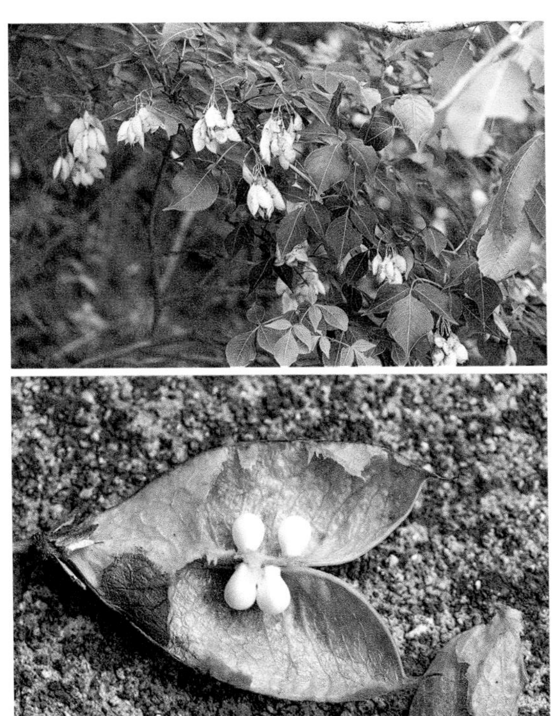

鉴别特征：落叶灌木。树皮紫红色或灰褐色，有纵棱；复叶对生，有长柄，具三小叶；小叶椭圆形，边缘有细锯齿，齿尖具尖头。圆锥花序顶生，直立，花白色；萼片长椭圆形，浅黄白色，花瓣 5 瓣，白色，倒卵状长圆形，较萼片稍大，雄蕊 5 枚。蒴果膀胱状，扁平，2 室，先端 2 裂；种子黄色，有光泽。花期 4—5 月，果期 8—9 月。

分布：产于保护区各林区。

用途：种子含油；茎皮可作纤维。

绣球花科 Hydrangeaceae

绣球 *Hydrangea macrophylla*

绣球花科 Hydrangeaceae　绣球属 *Hydrangea*

鉴别特征：灌木，高达 4 m；枝具少数长形皮孔。叶纸质或近革质，倒卵形或阔椭圆形，边缘于基部以上具粗齿。伞房状聚伞花序近球形，直径达 20 cm，具短的总花梗，分枝粗壮，密被紧贴短柔毛，花密集；不育花萼片 4 片，阔卵形，粉红色、淡蓝色或白色；孕性花极少数；萼筒倒圆锥状，萼齿卵状三角形；花瓣长圆形；雄蕊 10 枚；花柱 3 个。蒴果。花期 6—8 月。

分布：保护区有栽培。

用途：花和叶药用。

溲疏 *Deutzia scabra*

绣球花科 Hydrangeaceae　溲疏属 *Deutzia*

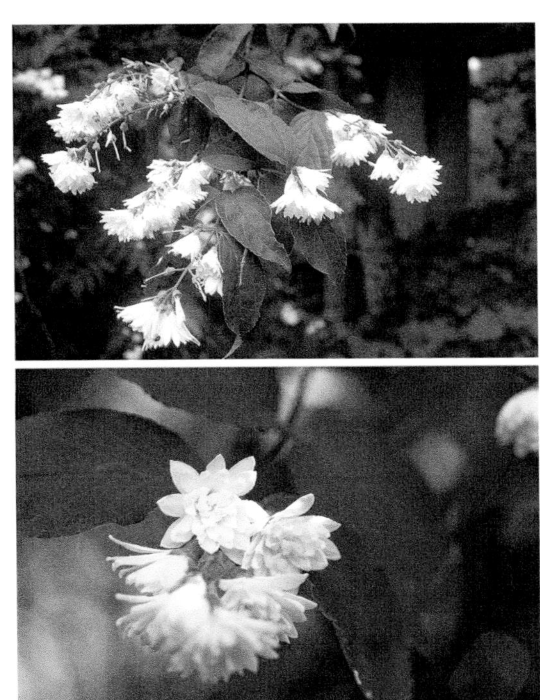

鉴别特征：落叶灌木，高达 3 m。叶对生，叶片卵形至卵状披针形，顶端尖，基部稍圆，边缘有小锯齿，两面均有星状毛，粗糙。直立圆锥花序，花白色或带粉红色斑点；萼筒钟状，与子房壁合生，木质化，裂片 5 片，直立，果时宿存；花瓣 5 瓣，花瓣长圆形，外面有星状毛；花丝顶端有 2 长齿；花柱 3～5 个，离生，柱头常下延。蒴果近球形，顶端扁平具短喙和网纹。花期 5—6 月，果期 10—11 月。

分布：保护区内引种栽培。

用途：根、叶、果均可药用。

山梅花 *Philadelphus incanus*

绣球花科 Hydrangeaceae　山梅花属 *Philadelphus*

鉴别特征：灌木，高达 3.5 m。叶卵形，边缘具疏锯齿，两面被毛；有叶柄。总状花序；花梗上部密被白色长柔毛；花萼外面密被紧贴糙伏毛；萼筒钟形，裂片卵形；花冠盘状，花瓣白色，卵形；雄蕊 30~35 枚；花盘无毛；花柱无毛，近先端稍分裂，柱头棒形，较花药小。蒴果倒卵形；种子具短尾。花期 5—6 月，果期 7—8 月。

分布：产于保护区新店保护站、南岗保护站、红花保护站；生于林缘灌丛中。

用途：庭园观赏植物。

八角枫 *Alangium chinense*

山茱萸科 Cornaceae　八角枫属 *Alangium*

鉴别特征：落叶乔木或灌木。叶纸质，近圆形。聚伞花序腋生，花冠圆筒形，花萼顶端分裂齿状；花瓣6~8瓣，线形，基部黏合，上部开花后反卷，初为白色，后变黄色；雄蕊和花瓣同数而近等长；花盘近球形；子房2室，花柱无毛，柱头头状。核果卵圆形，幼时绿色，成熟后黑色，顶端有宿存的萼齿和花盘，种子1颗。花期5—7月和9—10月，果期7—11月。

分布：产于保护区各林区；生于山地或疏林中。

用途：根茎药用；树皮纤维可编绳索；材用。

灯台树 *Cornus controversa*

山茱萸科 Cornaceae　山茱萸属 *Cornus*

鉴别特征：落叶乔木。叶互生，纸质，全缘，面密被短柔毛。伞房状聚伞花序，顶生；花小，白色；花瓣 4 瓣，长圆披针形；雄蕊 4 枚，着生于花盘外侧，与花瓣互生，花丝线形，白色，花药椭圆形，淡黄色，2 室，丁字形着生；花盘垫状；花柱圆柱形，柱头小，头状；子房下位，花托椭圆形。核果球形，核骨质，顶端有一个方形孔穴。花期 5—6 月，果期 7—8 月。

分布：产于保护区各林区；生于常绿阔叶林或针阔叶混交林。

用途：果实可以榨油，为木本油料植物；行道树种。

日本四照花 *Cornus kousa*

山茱萸科 Cornaceae　山茱萸属 *Cornus*

鉴别特征：落叶小乔木。叶对生，薄纸质，卵形或卵状椭圆形，中脉在上面明显。头状花序球形；总苞片 4 枚，白色，卵形；花小，花萼管状，上部 4 裂，裂片钝圆形；花盘垫状；子房下位，花柱圆柱形，密被白色粗毛。果序球形，成熟时红色；总果梗纤细。

分布：原产朝鲜和日本；保护区引种栽培。

用途：观赏。

柿科 Ebenaceae

君迁子 *Diospyros lotus*

柿科 Ebenaceae　柿属 *Diospyros*

鉴别特征：落叶乔木。叶近膜质，椭圆形。雄花腋生或簇生；花萼钟形，4 裂；花冠壶形，4 裂；雄蕊 16 枚，每 2 枚连生成对；花药披针形，先端渐尖；药隔两面都有长毛；子房退化；雌花单生；花冠壶形，4 裂，反曲；退化雄蕊 8 枚，着生花冠基部；子房 8 室；花柱 4 个。果近球形，被有白色薄蜡层；种子长圆形，侧扁；宿存萼 4 裂。花期 5—6 月，果期 10—11 月。

分布：产于保护区各林区；生于海拔 500 m 以上的山地、山坡、山谷的灌丛中，或在林缘。

用途：成熟果实可食用，也可入药；材用；树皮含单宁。

点地梅 *Androsace umbellata*

报春花科 Primulaceae　点地梅属 *Androsace*

鉴别特征：一年生或二年生草本。叶全部基生，叶片近圆形，边缘具三角状钝齿，两面被毛。花葶数枚，高达 15 cm。伞形花序 4～15 朵花；苞片卵形至披针形，长 3.5～4.0 mm；花梗纤细；花萼杯状，分裂近达基部，裂片菱状卵圆形，呈星状展开；花冠白色，筒部短于花萼，喉部黄色，裂片倒卵状长圆形。蒴果近球形，果皮白色。花期 2—4 月，果期 5—6 月。

分布：产于保护区各林区；生于林缘、草地和疏林下。

用途：药用。

临时救 *Lysimachia congestiflora*

报春花科 Primulaceae　珍珠菜属 *Lysimachia*

鉴别特征：茎下部匍匐，节上生根，密被柔毛。叶对生，叶片卵形。花 2~4 朵集生茎端和枝端成近头状的总状花序；花萼分裂近达基部，裂片披针形；花冠黄色，内面基部紫红色，基部合生，5 裂，裂片卵状椭圆形，散生腺点；花丝下部合生成筒；花药长圆形；花粉粒近长球形；子房被毛。蒴果球形。花期 5—6 月，果期 7—10 月。

分布：产于保护区各林区；生于水沟边山坡林缘、草地等湿润处。

用途：药用。

过路黄 *Lysimachia christiniae*

报春花科 Primulaceae　珍珠菜属 *Lysimachia*

鉴别特征：茎柔弱，平卧延伸。叶对生，卵圆形，透光可见密布的透明腺条。花单生叶腋；花萼分裂达基部；花冠黄色，基部合生，裂片狭卵形，具黑色长腺条；花丝下半部合生成筒；花药卵圆形；花粉粒具 3 孔沟，近球形，表面具网状纹饰；子房卵珠形。蒴果球形，有稀疏黑色腺条。花期 5—7 月，果期 7—10 月。

分布：产于保护区各林区；生于沟边、路旁阴湿处和山坡林下。

用途：药用。

黑腺珍珠菜 *Lysimachia heterogenea*

报春花科 Primulaceae　珍珠菜属 *Lysimachia*

鉴别特征：多年生草本，全体无毛。茎高达 80 cm，四棱形，棱边有狭翅和黑色腺点。基生叶匙形，早凋，茎叶对生，无柄，叶片披针形，两面生黑色粒状腺点。总状花序生于茎端和枝端；花萼裂片线状披针形，背面有黑色腺条和腺点；花冠白色，基部合生，裂片卵状长圆形；花丝贴生；花药腺形；子房无毛，柱头膨大。蒴果球形。花期 5—7 月，果期 8—10 月。

分布：产于保护区各林区；生于水边湿地。

泽珍珠菜 *Lysimachia candida*

报春花科 Primulaceae　珍珠菜属 *Lysimachia*

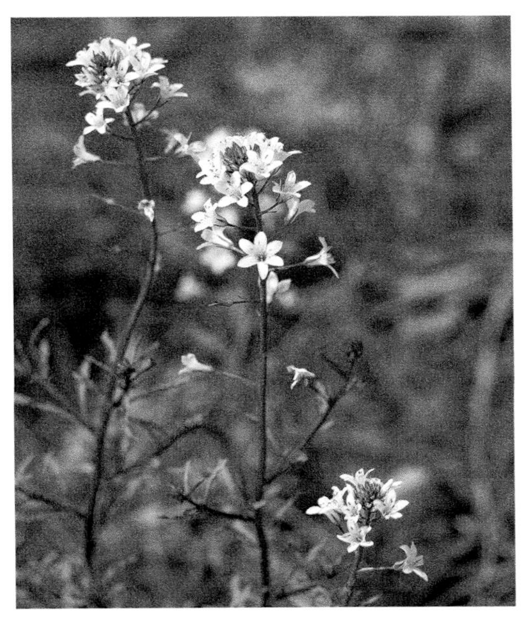

鉴别特征：一年生或二年生草本。茎单生，直立。基生叶匙形，具有狭翅的柄，开花时存在或早凋；茎叶互生，叶片倒卵形，两面均有小腺点。总状花序顶生，初时因花密集而呈阔圆锥形，其后渐伸长；花冠白色，雄蕊稍短于花冠，花丝贴生至花冠的中下部；花药近线形；子房无毛。蒴果球形。花期3—6月，果期4—7月。

分布：产于保护区各林区；生于田边、溪边和山坡路旁潮湿处。

用途：全草入药。

狭叶珍珠菜 *Lysimachia pentapetala*

报春花科 Primulaceae　珍珠菜属 *Lysimachia*

鉴别特征：一年生草本，全体无毛。茎高达 60 cm，密被褐色腺体。叶互生，狭披针形。总状花序顶生；苞片钻形；花萼下部合，裂片狭三角形，边缘膜质；花冠白色，基部合生，近于分离，裂片匙状；雄蕊比花冠短，花丝贴生于花冠裂片的近中部；花药卵圆形；子房无毛。蒴果球形。花期 7—8 月，果期 8—9 月。

分布：产于保护区各林区；生于山坡荒地、路旁、田边和疏林下。

矮桃 *Lysimachia clethroides*

报春花科 Primulaceae　珍珠菜属 *Lysimachia*

鉴别特征：多年生草本。茎直立，高达 100 cm。叶互生，长椭圆形，两面散生黑色粒状腺点。总状花序顶生，花密集，常转向一侧；苞片线状钻形；花萼分裂近达基部，有腺状缘毛；花冠白色，基部合生，裂片狭长圆形；雄蕊内藏，花丝基部合并贴生于花冠基部，被腺毛；花药长圆形；花粉粒具 3 孔沟；子房卵珠形。蒴果近球形。花期 5—7 月，果期 7—10 月。

分布：产于保护区各林区；生于山坡林缘和草丛中。

用途：药用；嫩叶可食或作猪饲料。

山茶科 Theaceae

茶 *Camellia sinensis*

山茶科 Theaceae　山茶属 *Camellia*

鉴别特征：灌木或小乔木。叶革质，长圆形，上面发亮，边缘有锯齿。花 1～3 朵腋生，白色；苞片 2 枚；萼片 5 片，宿存；花瓣 5～6 瓣，阔卵形；雄蕊基部连生；子房密生白毛；花柱无毛，先端 3 裂。蒴果 3 球形或 1～2 球形，每球有种子 1～2 粒。花期 10 月至翌年 2 月。

分布：保护区栽培或逸为野生。

用途：经济作物。

杜鹃 *Rhododendron simsii*

杜鹃花科 Ericaceae　杜鹃属 *Rhododendron*

鉴别特征：落叶灌木；密被糙伏毛。叶革质，卵形，具细齿，两面被毛。花簇生枝顶；花萼 5 深裂；花冠阔漏斗形，玫瑰色，裂片 5 片，上部裂片具深红色斑点；雄蕊 10 枚，花丝线状，中部以下被微柔毛；子房卵球形，10 室，密被亮棕褐色糙伏毛，花柱伸出花冠外，无毛。蒴果卵球形，长达 1 cm，密被糙伏毛；花萼宿存。花期 4—5 月，果期 6—8 月。

分布：产于保护区各林区；生于山地疏灌丛或松林下。

用途：全株药用；花卉植物。

羊踯躅 *Rhododendron molle*

杜鹃花科 Ericaceae　杜鹃花属 *Rhododendron*

鉴别特征：落叶灌木，高达 2 m；幼时密被毛。叶纸质，长圆形；总状伞形花序顶生；花萼裂片小，圆齿状，被微柔毛和刚毛状睫毛；花冠阔漏斗形，黄色或金黄色，内有深红色斑点，花冠管向基部渐狭，圆筒状，裂片 5 片；雄蕊 5 枚，不等长；子房圆锥状，密被毛，花柱无毛。蒴果圆锥状长圆形，具 5 条纵肋，被毛。花期 3—5 月，果期 7—8 月。

分布：产于保护区各林区；生于山谷杂木林下。

用途：有毒植物；用作麻醉剂、镇疼药；可作农药。

中华猕猴桃 *Actinidia chinensis*

猕猴桃科 Actinidiaceae　猕猴桃属 *Actinidia*

鉴别特征：大型落叶藤本。叶纸质，倒阔卵形，腹面深绿色，背面苍绿色，密被星状绒毛。聚伞花序 1～3 花；苞片小，卵形或钻形；花初放时白色，放后变淡黄色，有香气；萼片通常 5 枚，阔卵形，两面密被绒毛；花瓣 5 瓣；雄蕊极多，花丝狭条形，花药黄色；子房球形，花柱狭条形。果黄褐色，近球形，被茸毛，成熟时秃净或不秃净；宿存萼片反折。

分布：产于保护区各林区；生于海拔 200～600 m 的低山区山林中。

用途：果实食用。

安息香科 Styracaceae

垂珠花 *Styrax dasyanthus*

安息香科 Styracaceae　安息香属 *Styrax*

鉴别特征：乔木。叶革质，倒卵形，边缘有细锯齿，两面被柔毛。圆锥花序顶生或腋生，具多花；花序梗和花梗均密被细柔毛；花白色，小苞片钻形，花萼杯状，外面密被长柔毛，萼齿 5 枚，花冠裂片长圆形，花蕾时镊合状排列；花丝扁平，下部联合成管，上部分离，花药长圆形；花柱较花冠长，无毛。果实卵形或球形；种子褐色，平滑。花期 3—5 月，果期 9—12 月。

分布：产于保护区各林区；生于山地、山坡及溪边杂木林中。

山矾科 Symplocaceae

白檀 *Symplocos paniculata*

山矾科 Symplocaceae　山矾属 *Symplocos*

鉴别特征：落叶灌木或小乔木。叶膜质，阔倒卵形，边缘有细锯齿。圆锥花序通常有柔毛；苞片早落；花萼萼筒褐色，裂片半圆形，稍长于萼筒，淡黄色，有纵脉纹，边缘有毛；花冠白色，5 深裂几达基部；雄蕊 40～60 枚，子房 2 室，花盘具 5 个凸起的腺点。核果熟时蓝色，卵状球形，顶端宿萼裂片直立。

分布：产于保护区各林区；生于海拔 700 m 以上的路边、疏林或密林中。

用途：叶药用；根皮与叶作农药用。

茄科 Solanaceae

龙葵 *Solanum nigrum*

茄科 Solanaceae　茄属 *Solanum*

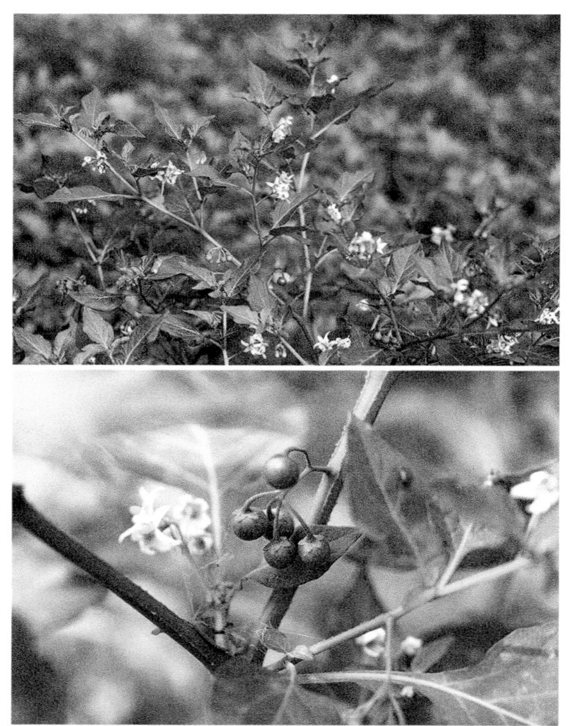

鉴别特征：一年生直立草本，高达 1 m。叶卵形。蝎尾状花序腋外生，有花梗；萼小，浅杯状；花冠白色，筒部隐于萼内，长不及 1 mm，冠檐 5 深裂，裂片卵圆形；花丝短，花药黄色；子房卵形，花柱中部以下被白色绒毛，柱头小，头状。浆果球形，熟时黑色。种子多数，近卵形，两侧压扁。

分布：产于保护区各林区；生于田边、荒地及村庄附近。

用途：药用。

白英 *Solanum lyratum*

茄科 Solanaceae　茄属 *Solanum*

鉴别特征：草质藤本，茎及小枝均密被柔毛。叶互生，多数为琴形，两面均被白色长柔毛。聚伞花序顶生或腋外生，疏花；萼环状，萼齿 5 枚；花冠蓝紫色或白色，花冠筒隐于萼内，冠檐 5 深裂；花药长圆形；子房卵形，花柱丝状，柱头小，头状。浆果球状，成熟时红黑色；种子近盘状，扁平。花期夏秋，果熟期秋末。

分布：产于保护区各林区；生于山谷草地或路旁、田边。

用途：全草入药。

苦蘵 *Physalis angulata*

茄科 Solanaceae　灯笼果属 *Physalis*

鉴别特征：一年生草本，高达 50 cm。叶片卵形。花梗纤细，花萼 5 中裂，裂片披针形，生缘毛；花冠淡黄色，喉部常有紫色斑纹；花药蓝紫色或有时黄色。果萼卵球状，直径 1.5～2.5 cm，薄纸质，浆果直径约 1.2 cm。种子圆盘状。花果期 5—12 月。

分布：产于保护区各林区；生于海拔 500～1500 m 的山谷林下及村边路旁。

鉴别特征：草本或半灌木状，高达 1.5 m。叶广卵形，边缘浅裂。花单生；花萼筒状，筒部有 5 棱角，5 浅裂，裂片三角形；花冠漏斗状，下半部带绿色，上部白色或淡紫色，檐部 5 浅裂，裂片有短尖头；雄蕊不伸出花冠；子房密生柔针毛。蒴果直立生，卵状，表面有坚硬针刺，成熟后淡黄色，规则 4 瓣裂。种子卵圆形，黑色。花期 6—10 月，果期 7—11 月。

分布：产于保护区各林区。

用途：药用；栽培观赏；种子含油。

枸杞 *Lycium chinense*

茄科 Solanaceae　枸杞属 *Lycium*

鉴别特征：多分枝灌木，枝条弯曲或俯垂，有棘刺。叶纸质，单叶互生或簇生，卵形至卵状披针形。花在长枝上单生或双生于叶腋。花萼通常 3 中裂或 4～5 齿裂；花冠漏斗状，淡紫色，5 深裂，基部耳显著。浆果红色，卵状。种子扁肾脏形，黄色。花果期 6—11 月。

分布：产于保护区各林区；生于山坡、荒地、丘陵地、盐碱地、路旁及村边宅旁。

用途：果实、根皮药用；嫩叶可作蔬菜；种子油可制润滑油或食用油。

旋花科 Convolvulaceae

菟丝子 *Cuscuta chinensis*

旋花科 Convolvulaceae　菟丝子属 *Cuscuta*

鉴别特征：一年生寄生草本。茎缠绕，黄色，纤细，无叶。花序侧生，簇生成小伞形；苞片及小苞片小，鳞片状；花萼杯状，中部以下连合，裂片三角状；花冠白色，壶形，裂片三角状卵形，向外反折，宿存；雄蕊着生花冠裂片弯缺微下处；鳞片长圆形，边缘长流苏状；子房近球形，花柱 2 个。蒴果球形，为宿存的花冠所包围，周裂。种子淡褐色，卵形，表面粗糙。

分布：产于保护区各林区；生于田边、山坡阳处、路边灌丛或海边沙丘，通常寄生在豆科、菊科、蒺藜科等多种植物上。

用途：种子药用。

打碗花 *Calystegia hederacea*

旋花科 Convolvulaceae　打碗花属 *Calystegia*

鉴别特征：一年生草本。茎细，平卧。基部叶片长圆形，上部叶片 3 裂。花腋生，1 朵，花梗长；苞片宽卵形；萼片长圆形；花冠淡紫色或淡红色，钟状；雄蕊近等长，花丝基部扩大，贴生花冠管基部；子房无毛，柱头 2 裂，裂片长圆形，扁平。蒴果卵球形，萼片宿存。种子黑褐色，表面有小疣。

分布：产于保护区各林区；为农田、荒地、路旁常见杂草。

用途：根药用。

圆叶牵牛 *Ipomoea purpurea*

旋花科 Convolvulaceae　虎掌藤属 *Ipomoea*

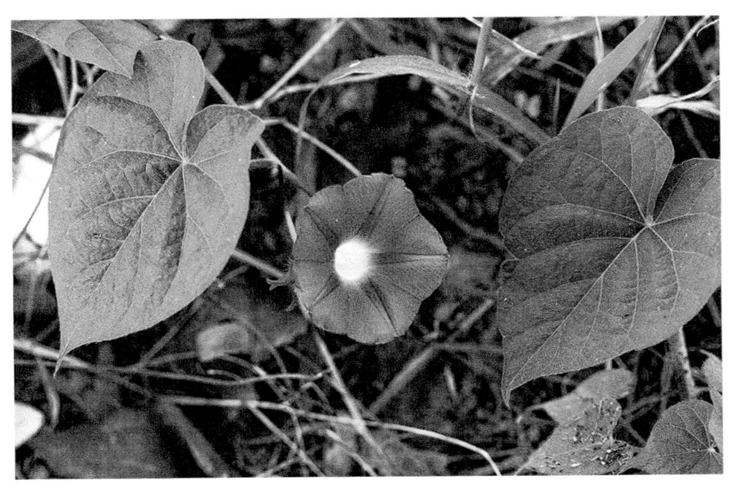

鉴别特征：一年生缠绕草本，茎被硬毛。叶圆心形，常全缘，偶有 3 裂。花腋生，单一或 2～5 朵着生于花序梗顶端成伞形聚伞花序；苞片线形；萼片近等长；花冠漏斗状，紫红色或白色，花冠管常白色；雄蕊与花柱内藏；雄蕊不等长，花丝基部被柔毛；子房无毛，3 室，柱头头状；花盘环状。蒴果近球形，3 瓣裂。种子卵状三棱形，黑褐色或米黄色，被毛。

分布：产于保护区各林区。

紫草科 Boraginaceae

田紫草 *Lithospermum arvense*

紫草科 Boraginaceae　紫草属 *Lithospermum*

鉴别特征：一年生草本。根稍含紫色物质。茎通常单一，高达 35 cm，有短糙伏毛。叶无柄，倒披针形，两面均有短糙伏毛。聚伞花序生枝上部；花序排列稀疏，有短花梗；花萼裂片线形；花冠高脚碟状，白色，有时蓝色，裂片卵形，有 5 条延伸到筒部的毛带；雄蕊着生花冠筒下部，柱头头状。小坚果三角状卵球形，有疣状突起。花果期 4—8 月。

分布：产于保护区各林区；生于丘陵、低山草坡或田边。

斑种草 *Bothriospermum chinense*

紫草科 Boraginaceae　斑种草属 *Bothriospermum*

鉴别特征：一年生草本，高达 30 cm，密生硬毛。基生叶及茎下部叶具长柄，匙形，茎中部及上部叶无柄，长圆形。苞片卵形；花梗短，果期伸长；花萼裂片披针形，裂至近基部；花冠淡蓝色，檐部直径 4～5 mm，裂片圆形，喉部有梯形附属物；花药卵圆形，花丝极短；花柱短。小坚果肾形，有粒状突起，腹面有椭圆形的横凹陷。4—6 月开花。

分布：产于保护区各林区；生于荒野路边、山坡草丛及竹林下。

附地菜 *Trigonotis peduncularis*

紫草科 Boraginaceae　附地菜属 *Trigonotis*

鉴别特征：二年生草本，高达 30 cm。茎常多条，密被糙伏毛。基生叶卵状椭圆形，具柄；茎生叶长圆形，具短柄或无柄。花序顶生；无苞片或花序基部具2～3枚苞片。花萼裂至中下部，裂片卵形；花冠淡蓝色，冠筒极短，冠檐径约 2 mm，裂片倒卵形，开展，喉部附属物白色；花药卵圆形。小坚果斜三棱锥状四面体形，被毛。花果期 4—7 月。

分布：产于保护区各林区；生于平原、丘陵草地、林缘、田间及荒地。

用途：药用；栽培观赏。

茜草科 Rubiaceae

鸡矢藤 *Paederia foetida*

茜草科 Rubiaceae　鸡矢藤属 *Paederia*

鉴别特征：藤状灌木。叶对生，膜质，卵形。圆锥花序腋生或顶生，长 6～18 cm，扩展；小苞片微小，卵形，有小睫毛；花有小梗，生于蝎尾状的聚伞花序上；花萼钟形，萼檐裂片钝齿形；花冠紫蓝色，常被绒毛，裂片短。果阔椭圆形，压扁，光亮，顶部冠以圆锥形的花盘和宿存的萼檐裂片；小坚果浅黑色，具 1 阔翅。花期 5—6 月。

分布：产于保护区各林区。

用途：药用。

茜草 *Rubia cordifolia*

茜草科 Rubiaceae　茜草属 *Rubia*

鉴别特征：草质攀缘藤木；根状茎和节上具须根；茎从节上发出，细长，方柱形，有 4 棱，棱上生倒生皮刺。叶通常 4 片轮生，纸质，披针形，边缘有齿状皮刺，两面粗糙。聚伞花序腋生和顶生；花冠淡黄色，花冠裂片近卵形，长约 1.5 mm，外面无毛。果球形，直径通常 4～5 mm，成熟时橘黄色。花期 8—9 月，果期 10—11 月。

分布：产于保护区各林区；生于疏林、林缘、灌丛或草地上。

夹竹桃科 Apocynaceae

络石 *Trachelospermum jasminoides*

夹竹桃科 Apocynaceae　络石属 *Trachelospermum*

鉴别特征：藤本。叶革质，卵形。聚伞花序圆锥状，顶生及腋生。花萼裂片窄长圆形，反曲，被短柔毛及缘毛；花冠白色，裂片倒卵形，花冠与裂片等长，中部膨大，雄蕊内藏；子房无毛。荚果线状披针形。种子长圆形，顶端具白色绢毛。花期 3—8 月，果期 6—12 月。

分布：产于保护区各林区。

用途：根、茎、叶、果实供药用；乳汁有毒；茎皮纤维拉力强；栽培观赏。

牛皮消 *Cynanchum auriculatum*

夹竹桃科 Apocynaceae　鹅绒藤属 *Cynanchum*

鉴别特征：蔓性半灌木；宿根肥厚，呈块状。叶对生，膜质，宽卵形。聚伞花序伞房状，着花 30 朵；花冠白色，辐状，裂片反折，内面具疏柔毛；副花冠浅杯状，肉质，钝头，在每裂片内面有 1 个舌状鳞片；花粉块每室 1 个，下垂；柱头圆锥状，顶端 2 裂。蓇葖双生，披针形；种子卵状椭圆形；种毛白色绢质。花期 6—9 月，果期 7—11 月。

分布：产于保护区各林区；生于山坡林缘及路旁灌木丛中或河流、水沟边潮湿地。

用途：块根药用。

萝藦 *Metaplexis japonica*

夹竹桃科 Apocynaceae　萝藦属 *Metaplexis*

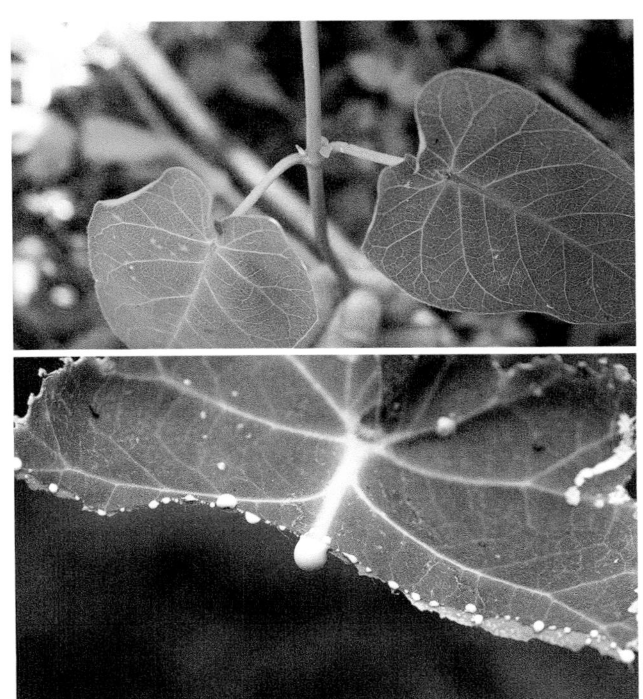

鉴别特征：多年生草质藤本，具乳汁。叶膜质，卵状心形，叶耳圆。总状式聚伞花序腋生；花冠白色，有紫红色斑纹，花冠筒短，花冠裂片披针形，顶端反折，基部向左覆盖；副花冠环状，5 裂，裂片兜状；雄蕊连生；花粉块卵圆形，下垂；子房无毛，柱头延伸成 1 长喙。蓇葖叉生，纺锤形；种子扁平，卵圆形，顶端具种毛。花期 7—8 月，果期 9—12 月。

分布：产于保护区各林区；生于林边荒地、山脚、河边、路旁灌木丛中。

用途：药用；茎皮纤维坚韧，可造人造棉。

小叶女贞 *Ligustrum quihoui*

木犀科 Oleaceae　女贞属 *Ligustrum*

鉴别特征：落叶灌木。叶片薄革质，形状和大小变异较大，叶缘反卷，常具腺点，两面无毛。圆锥花序顶生；小苞片卵形，具睫毛；花萼无毛，萼齿宽卵形；花冠裂片卵形；雄蕊伸出裂片外，花丝与花冠裂片近等长。果倒卵形，呈紫黑色。花期 5—7 月，果期 8—11 月。

分布：产于保护区各林区；生于沟边、路旁或河边灌丛或山坡。

用途：叶和树皮可入药。

桂花 *Osmanthus fragrans*

木犀科 Oleaceae　木犀属 *Osmanthus*

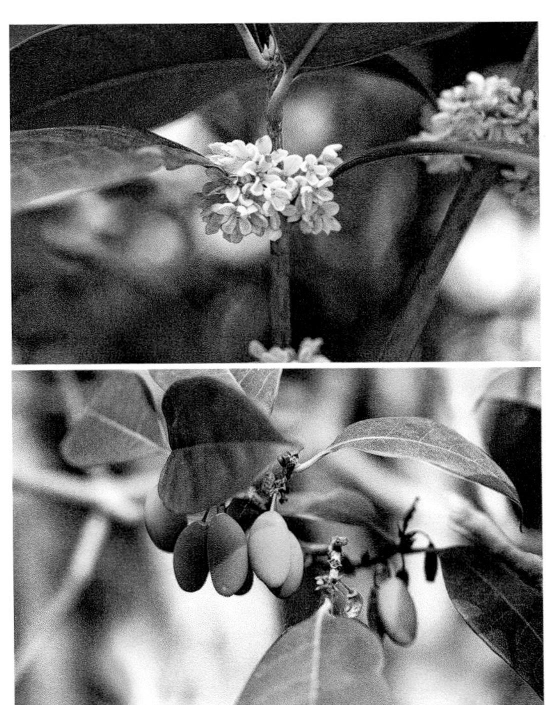

鉴别特征：常绿乔木或灌木，高达 5 m。叶片革质，椭圆形，两面无毛，有腺点。聚伞花序簇生于叶腋，每腋内有花多朵；苞片宽卵形，质厚；花极芳香；花萼长约 1 mm，裂片稍不整齐；花冠黄白色、淡黄色、黄色或橘红色；雄蕊着生于花冠管中部，花丝极短。果歪斜，椭圆形，呈紫黑色。花期 9—10 月上旬，果期翌年 3 月。

分布：保护区有栽培。

用途：栽培观赏；花为香料。

辽东水蜡树 *Ligustrum obtusifolium*

木犀科 Oleaceae　女贞属 *Ligustrum*

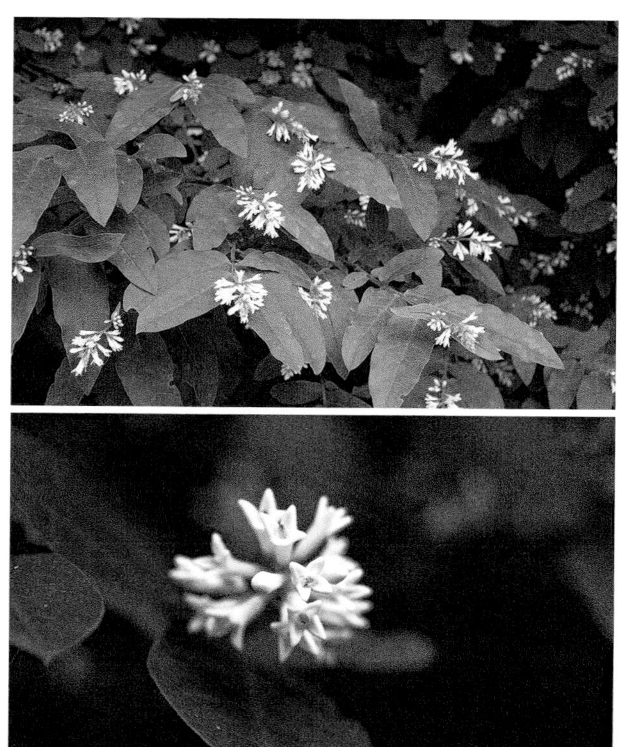

鉴别特征：落叶多分枝灌木，高达 3 m。叶片纸质，披针状长椭圆形，两面无毛。圆锥花序着生于小枝顶端；花序轴、花梗、花萼均被柔毛；花萼截形或萼齿呈浅三角形；花冠管裂片狭卵形；花药披针形，短于花冠裂片。果近球形。花期 5—6 月，果期 8—10 月。

分布：产于保护区各林区；生于山坡、山沟石缝、山涧林下和田边、水沟旁。

用途：栽培观赏。

白蜡树 *Fraxinus chinensis*

木犀科 Oleaceae　梣属 *Fraxinus*

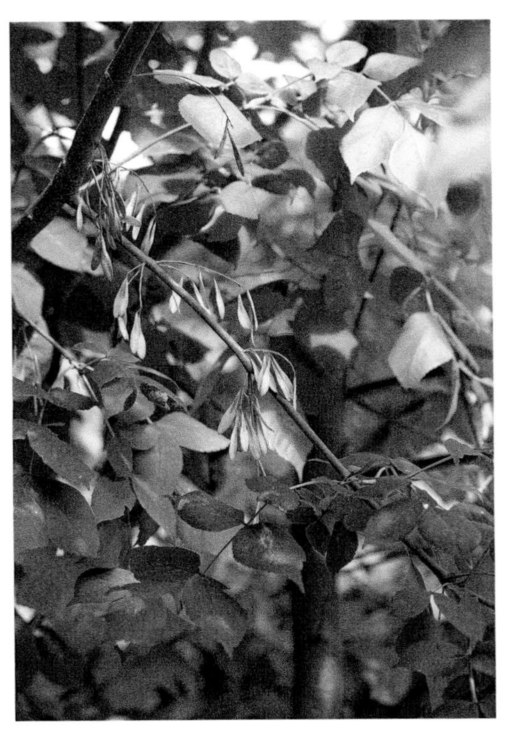

鉴别特征：落叶乔木。羽状复叶；小叶硬纸质，卵形，叶缘具锯齿，细脉在两面凸起，明显网结。圆锥花序顶生或腋生枝梢；花雌雄异株；雄花密集，花萼小，钟状，无花冠，花药与花丝近等长；雌花疏离，花萼大，桶状，4 浅裂，花柱细长，柱头 2 裂。翅果匙形，下延至坚果中部，坚果圆柱形；宿存萼紧贴于坚果基部，一侧开口。花期 4—5 月，果期 7—9 月。

分布：产于保护区各林区。多为栽培，常见于山地杂木林中。

用途：栽培树种；经济用途为放养白蜡虫生产白蜡；枝条供编制；树皮也作药用。

紫丁香 *Syringa oblata*

木犀科 Oleaceae　丁香属 *Syringa*

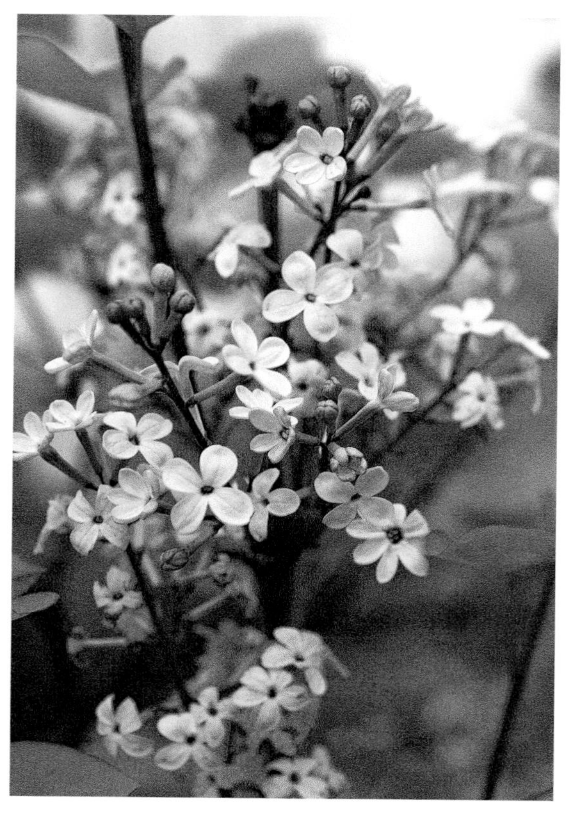

鉴别特征：灌木或小乔木，高达 5 m，密被腺毛。叶片革质，卵圆形。圆锥花序直立，近球形或长圆形；花冠紫色，花冠管圆柱形，裂片呈直角开展，卵圆形；花药黄色。果倒卵状椭圆形，先端长渐尖，光滑。花期 4—5 月，果期 6—10 月。

分布：产于保护区各林区；保护区有栽培。

用途：栽培观赏；花可提制芳香油；嫩花可代茶。

车前 *Plantago asiatica*

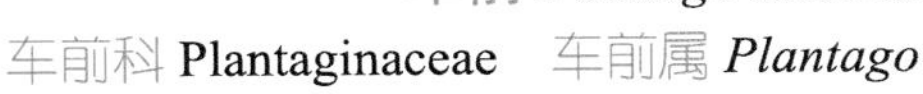
车前科 Plantaginaceae　车前属 *Plantago*

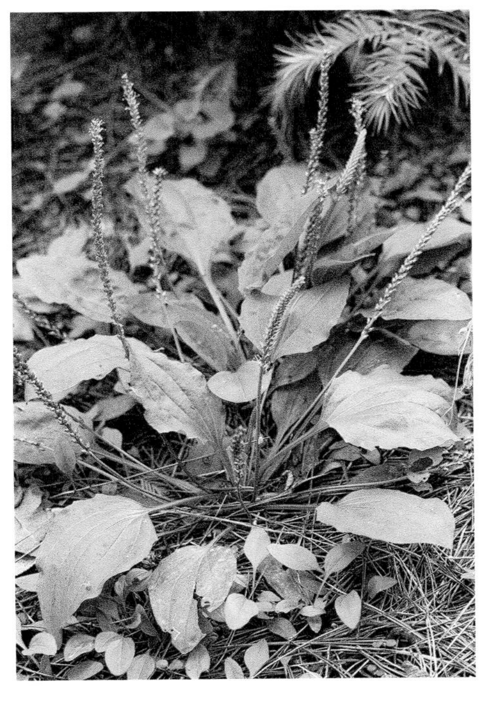

鉴别特征：二年生或多年生草本。叶基生呈莲座状；叶片薄纸质，宽卵形，两面生柔毛。花序直立；穗状花序细圆柱状；花冠白色，无毛，冠筒与萼片约等长，裂片狭三角形，于花后反折；雄蕊与花柱明显外伸，花药卵状椭圆形，顶端具宽三角形突起，白色。蒴果纺锤状卵形，周裂。种子卵状椭圆形，具角。花期 4—8 月，果期 6—9 月。

分布：产于保护区各林区；生于草地、沟边、河岸湿地、田边、路旁或村边空旷处。

用途：药用。

婆婆纳 *Veronica polita*

车前科 Plantaginaceae　婆婆纳属 *Veronica*

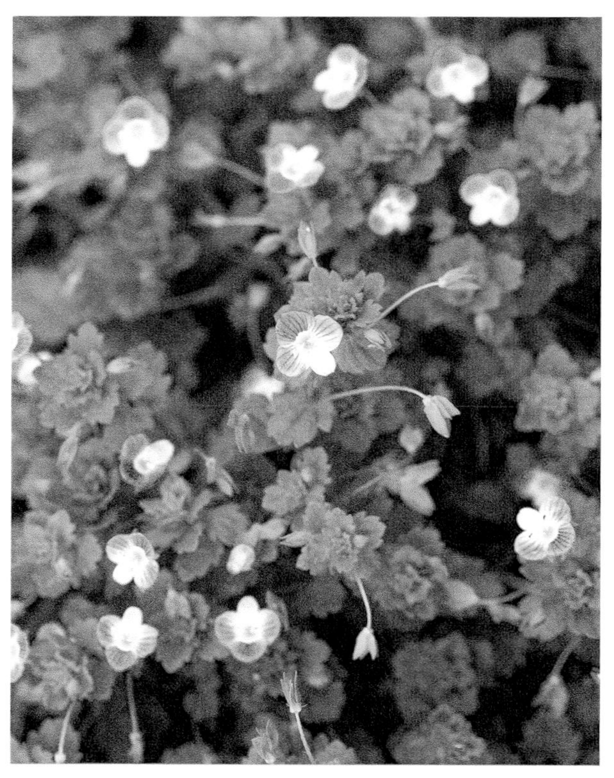

鉴别特征：铺散多分枝草本，被柔毛，高达 25 cm。叶片心形，有钝齿。总状花序很长；苞片叶状，下部的对生或全部互生；花梗比苞片略短；花萼裂片卵形；花冠淡紫色、蓝色，直径 4～5 mm，裂片圆形；雄蕊比花冠短。蒴果近于肾形，凹口约为 90°，裂片顶端圆，宿存的花柱。种子背面具横纹。花期 3—10 月。

分布：产于保护区各林区。

用途：茎叶可食。

直立婆婆纳 *Veronica arvensis*

车前科 Plantaginaceae　婆婆纳属 *Veronica*

鉴别特征：小草本，茎直立不分枝，高达 30 cm，有长柔毛。叶卵形，边缘具钝齿。总状花序长而多花，长可达 20 cm；花梗极短；花萼长 3~4 mm，裂片条状椭圆形；花冠蓝紫色或蓝色，长约 2 mm，裂片圆形；雄蕊短于花冠。蒴果倒心形，强烈侧扁，凹口很深，几乎为果半长，裂片圆钝，宿存的花柱不伸出凹口。种子矩圆形。花期 4—5 月。

分布：原产于欧洲，其他地方归化。产于保护区各林区；生于路边及荒野草地。

蚊母草 *Veronica peregrina*

车前科 Plantaginaceae　婆婆纳属 *Veronica*

鉴别特征：株高达 25 cm。叶无柄，下部的倒披针形，上部的长矩圆形。总状花序长；苞片与叶同形而略小；花梗极短；花萼裂片长矩圆形；花冠白色，裂片长矩圆形；雄蕊短于花冠。蒴果倒心形，明显侧扁，边缘生短腺毛，宿存的花柱不超出凹口。种子矩圆形。花期 5—6 月。

分布：产于保护区各林区；生于潮湿的荒地、路边。

用途：全草药用（带虫瘿）；嫩苗可食。

蔓柳穿鱼 *Cymbalaria muralis*

车前科 Plantaginaceae　蔓柳穿鱼属 *Cymbalaria*

鉴别特征：蔓生多年生草本。下部节生不定根，单叶互生，叶片心脏圆形，掌状 5 ～ 7 裂。花单生叶腋，花萼 5 裂达基部，裂片披针形；花冠蓝紫色，花冠筒末端有短距，上唇 2 裂，直立，下唇 3 裂，中裂片隆起呈纵折，封住喉部，雄蕊 4 枚，二强；子房球形，花柱单一，柱头细小；蒴果无毛，不规则开裂；种子球形，黑色，具瘤状突起。

分布：原产欧洲地中海沿岸，我国引种。产于保护区各林区。

用途：栽培观赏。

列当科 Orobanchaceae

地黄 *Rehmannia glutinosa*

列当科 Orobanchaceae　地黄属 *Rehmannia*

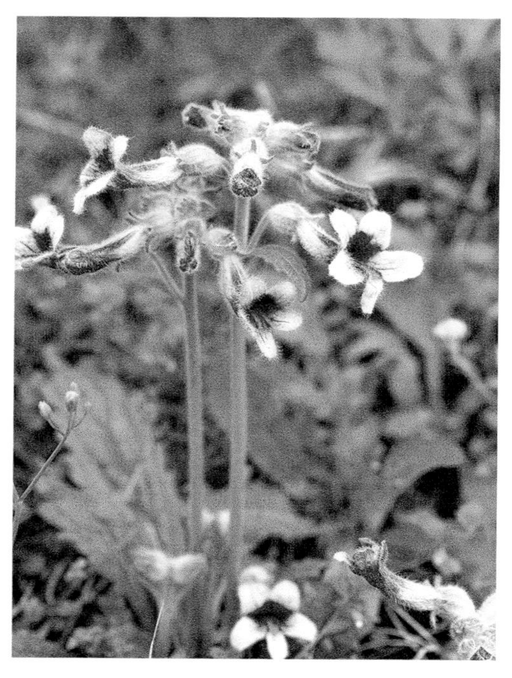

鉴别特征：体高达 30 cm，密被毛。根茎肉质，鲜时黄色。茎基部叶莲座状，向上则在茎上互生；叶片卵形，边缘具锯齿。花具长梗，梗细弱；花冠筒稍弓曲，外面紫红色；花冠裂片 5 片，内面黄紫色，外面紫红色；雄蕊 4 枚；药室矩圆形，基部叉开，子房幼时 2 室，老时因隔膜撕裂而成一室，无毛；花柱顶部扩大成 2 枚片状柱头。蒴果卵形。花果期 4—7 月。

分布：产于保护区各林区；生于砂质壤土、荒山坡、山脚、墙边、路旁等处。

用途：根茎药用。

火焰草 *Castilleja pallida*

列当科 Orobanchaceae　火焰草属 *Castilleja*

鉴别特征：多年生直立草本，全体被白色柔毛。茎通常丛生，不分枝，高达 30 cm。叶下部对生，其余互生，长条形，全缘。花序长 3～12 cm；苞片卵状披针形，黄白色；花萼裂片条形；花冠淡黄色或白色，长 2.5～3.0 cm，筒部长管状；药室一长一短。蒴果无毛，顶端钩状尾尖。花期 6—8 月。

分布：产于保护区各林区。

泡桐科 Paulowniaceae

毛泡桐 *Paulownia tomentosa*

泡桐科 Paulowniaceae　泡桐属 *Paulownia*

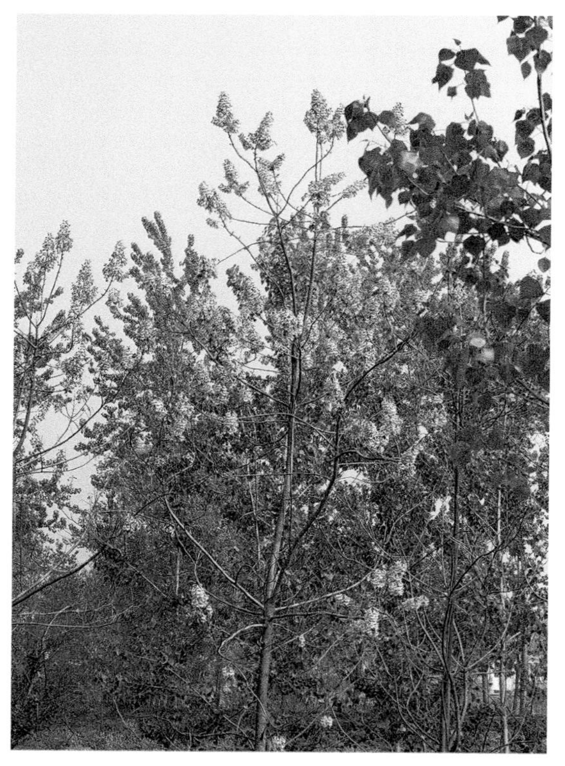

鉴别特征：乔木高达 20 m。叶片心脏形，被毛。花序为金字塔形或狭圆锥形；萼浅钟形，外面绒毛不脱落，分裂至中部；花冠紫色，漏斗状钟形，长 5.0～7.5 cm，檐部二唇形；子房卵圆形，花柱短于雄蕊。蒴果卵圆形，幼时密生黏质腺毛，宿萼不反卷，果皮厚；种子有翅。花期 4—5 月，果期 8—9 月。

分布：产于保护区各林区。

用途：栽培。

透骨草科 Phrymaceae

透骨草 *Phryma leptostachya*

透骨草科 Phrymaceae　透骨草属 *Phryma*

鉴别特征：多年生草本，高达 80 cm。茎直立，4 棱形，有柔毛。叶对生；叶片卵状长圆形，草质，边缘有锯齿。穗状花序生茎顶及侧枝顶端，被毛。花通常多数，疏离。花萼筒状，有 5 纵棱。花冠漏斗状筒形，长 6.5～7.5 mm，蓝紫色；檐部二唇形，上唇直立，下唇平伸。雄蕊 4 枚；花丝狭线形；花药肾状圆形。子房斜长圆状披针形；柱头二唇形。瘦果狭椭圆形，包藏于棒状宿存花萼内。种子 1 粒，基生。花期 6—10 月，果期 8—12 月。

分布：产于保护区各林区；生于海拔 400 m 以上的阴湿山谷或林下。

用途：药用。

通泉草科 Mazaceae

通泉草 *Mazus pumilus*

通泉草科 Mazaceae　通泉草属 *Mazus*

鉴别特征：一年生草本。本种在体态上变化幅度很大。基生叶成莲座状或早落，倒卵状匙形，膜质；茎生叶对生或互生，少数。总状花序生于茎、枝顶端，花稀疏；花萼钟状；花冠白色、紫色或蓝色，上唇裂片卵状三角形，下唇中裂片较小；子房无毛。蒴果球形；种子小而多数，黄色，种皮上有不规则的网纹。花果期4—10月。

分布：产于保护区各林区；生于湿润的草坡、沟边、路旁及林缘。

紫葳科 Bignoniaceae

凌霄 *Campsis grandiflora*

紫葳科 Bignoniaceae　凌霄属 *Campsis*

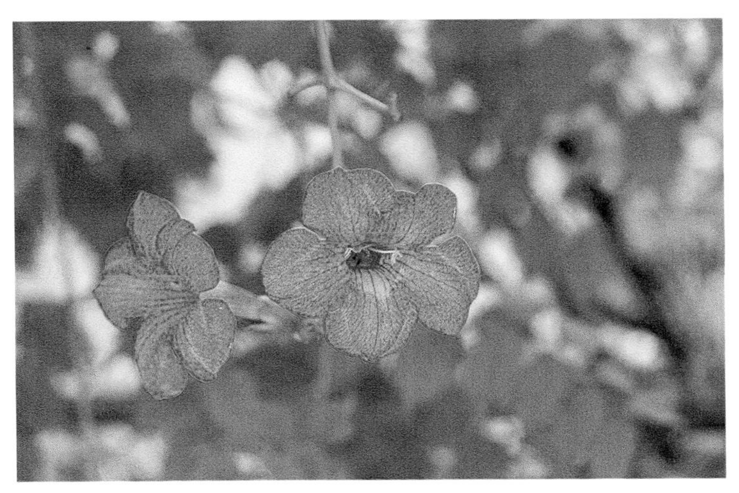

鉴别特征：攀缘藤本；以气生根攀附于它物之上。叶对生，为奇数羽状复叶；两面无毛，边缘有粗锯齿。顶生疏散的短圆锥花序。花萼钟状，分裂至中部，裂片披针形。花冠内面鲜红色，外面橙黄色，长约 5 cm，裂片半圆形。雄蕊着生于花冠筒近基部，花丝线形，花药黄色，个字形着生。花柱线形，柱头扁平，2 裂。蒴果顶端钝。花期 5—8 月。

分布：保护区栽培。

用途：栽培观赏；药用。

爵床科 Acanthaceae

爵床 *Justicia procumbens*

爵床科 Acanthaceae　爵床属 *Justicia*

鉴别特征：草本，茎基部匍匐，常有短硬毛，高达 50 cm。叶椭圆形；穗状花序顶生或生上部叶腋；苞片 1 枚，小苞片 2 枚，均披针形，有缘毛；花萼裂片 4 片，线形，约与苞片等长，有膜质边缘和缘毛；花冠粉红色，长 7 mm，二唇形，下唇 3 浅裂；雄蕊 2 枚，药室不等高，下方 1 室有距，蒴果上部具 4 粒种子，下部实心似柄状。种子表面有瘤状皱纹。

分布：产于保护区各林区；生于山坡林间草丛中。

用途：药用。

荆条 *Vitex negundo* var. *cannabifolia*

马鞭草科 Verbenaceae 牡荆属 *Vitex*

鉴别特征：落叶灌木或小乔木；小枝四棱形。叶对生，掌状复叶，小叶 5 枚，少有 3 枚；小叶片披针形或椭圆状披针形，顶端渐尖，基部楔形，小叶片边缘有缺刻状锯齿，浅裂以至深裂，背面密被灰白色绒毛。圆锥花序顶生；花冠淡紫色。果实近球形，黑色。花期 6—7 月，果期 8—11 月。

分布：产于保护区各林区；生于山坡路边灌丛中。

用途：茎皮可造纸及制人造棉；茎叶及种子药用；根可驱虫；花和枝叶可提取芳香油。

唇形科 Lamiaceae

金疮小草 *Ajuga decumbens*

唇形科 Lamiaceae　筋骨草属 *Ajuga*

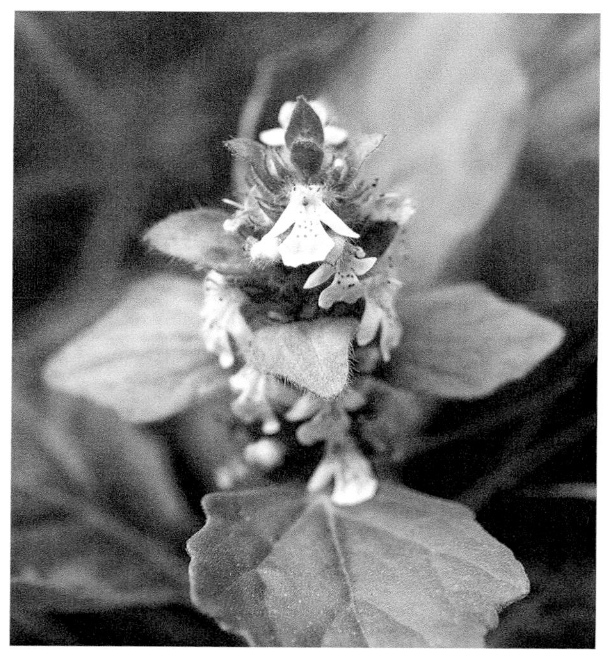

鉴别特征：一年或二年生草本，具匍匐茎，被柔毛。基生叶较多，较茎生叶长而大，具狭翅；叶片薄纸质，匙形。轮伞花序排列成穗状花序。花萼漏斗状。花冠淡蓝色，筒状，挺直，冠檐二唇形。雄蕊 4 枚，二强。花柱超出雄蕊，先端 2 裂。花盘环状。子房 4 裂。小坚果倒卵状三棱形。花期 3—7 月，果期 5—11 月。

分布：产于保护区各林区；生于溪边、路旁及湿润的草坡上。

用途：药用。

风轮菜 *Clinopodium chinense*

唇形科 Lamiaceae　风轮菜属 *Clinopodium*

鉴别特征：多年生草本。茎四棱形，密被柔毛。叶卵圆形，不偏斜，边缘具锯齿，坚纸质，上面绿色，下面灰白色，均被毛。轮伞花序多花，密集，半球状。花萼狭管状，常染紫红色，上唇 3 齿，下唇 2 齿。花冠紫红色，冠檐二唇形。雄蕊 4 枚，花药 2 室。花柱先端 2 浅裂。花盘平顶。子房无毛。小坚果倒卵形，黄褐色。花期 5—8 月，果期 8—10 月。

分布：产于保护区各林区；生于山坡、草丛、路边、沟边、灌丛和林下。

细风轮菜 *Clinopodium gracile*

唇形科 Lamiaceae　风轮菜属 *Clinopodium*

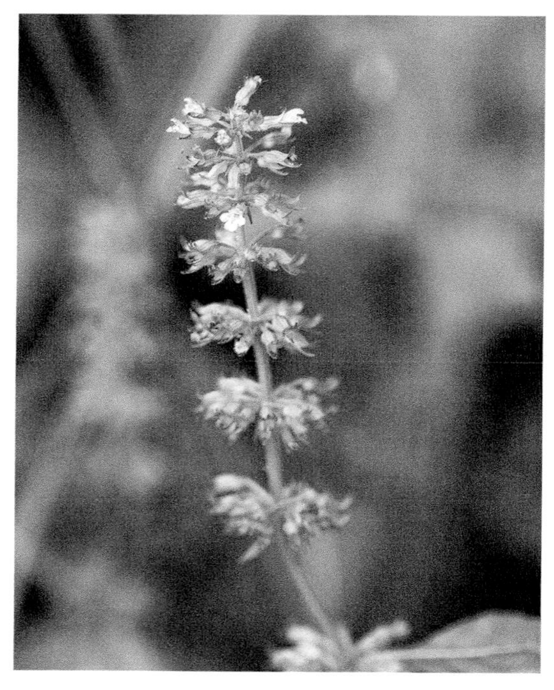

鉴别特征：纤细草本。茎多数，自匍匐茎生出，柔弱，上升，四棱形，被柔毛。叶圆卵形，细小，上部叶卵状披针形，边缘具齿。轮伞花序，疏花。花萼管状，上唇3齿，果时外反，下唇2齿。花冠白至紫红色，比花萼长，冠檐二唇形。雄蕊4枚，花药2室。花柱2浅裂。花盘平顶。子房无毛。小坚果卵球形，褐色。花期6—8月，果期8—10月。

分布：产于保护区各林区；生于路旁、沟边、空旷草地、林缘和灌丛中。

用途：药用。

活血丹 *Glechoma longituba*

唇形科 Lamiaceae　活血丹属 *Glechoma*

鉴别特征：多年生草本，具匍匐茎，逐节生根。茎四棱形。叶草质，心形，叶柄长，边缘具圆齿。轮伞花序常 2 朵花。花萼管状；花冠淡蓝，下唇具深色斑点，冠筒直立，上部膨大成钟形，有长筒与短筒两类，冠檐二唇形。雄蕊 4 枚，内藏；花药 2 室。子房 4 裂。花盘杯状，前方膨大。小坚果深褐色，长圆状卵形。花期 4—5 月，果期 5—6 月。

分布：产于保护区各林区；生于林缘、疏林下、草地中、溪边等阴湿处。

用途：药用。

夏至草 *Lagopsis supina*

唇形科 Lamiaceae　夏至草属 *Lagopsis*

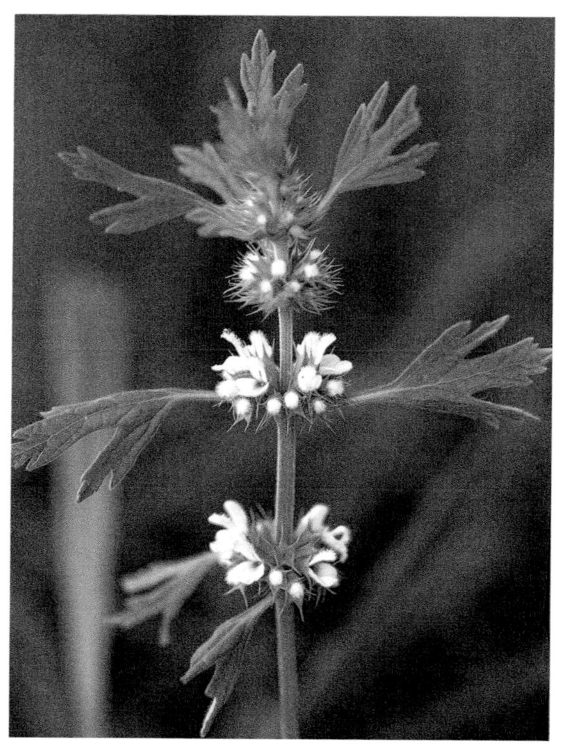

鉴别特征：多年生草本。茎高达 35 cm，四棱形，密被毛。叶圆形，3 深裂。轮伞花序疏花。花萼管状钟形，齿 5 枚，三角形。花冠白色，稍伸出于萼筒，长约 7 mm；冠檐二唇形。雄蕊 4 枚，不伸出；花药卵圆形，2 室。花柱先端 2 浅裂。花盘平顶。小坚果长卵形，褐色，有鳞粃。花期 3—4 月，果期 5—6 月。

分布：产于保护区各林区。

用途：药用。

野芝麻 *Lamium barbatum*

唇形科 Lamiaceae　野芝麻属 *Lamium*

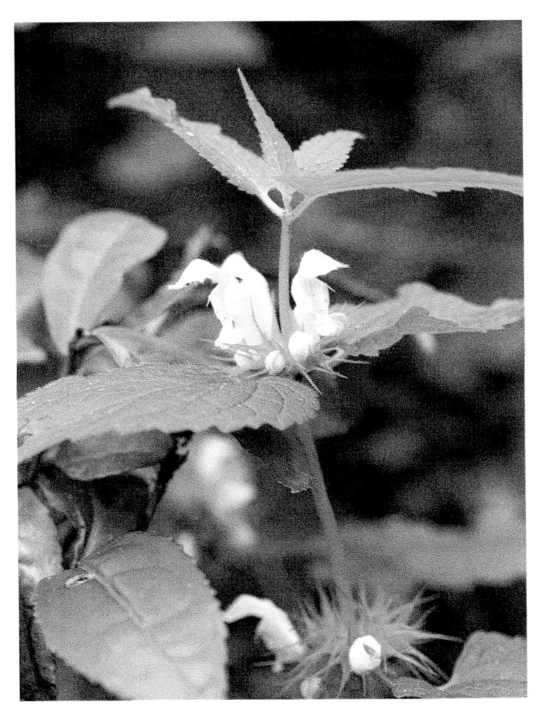

鉴别特征：多年生植物；有地下匍匐枝。茎单生，直立，四棱形，中空。叶卵圆状披针形，茎上部的叶长而狭，边缘有锯齿，草质，被硬毛。轮伞花序着生于茎端；花萼钟形；花冠白色或浅黄色，冠檐二唇形。雄蕊花丝扁平，彼此粘连，花药深紫色。花柱丝状，先端 2 裂。花盘杯状。小坚果倒卵圆形。花期 4—6 月，果期 7—8 月。

分布：产于保护区各林区；生于路边、溪旁、田埂及荒坡上。

用途：药用。

宝盖草 *Lamium amplexicaule*

唇形科 Lamiaceae　野芝麻属 *Lamium*

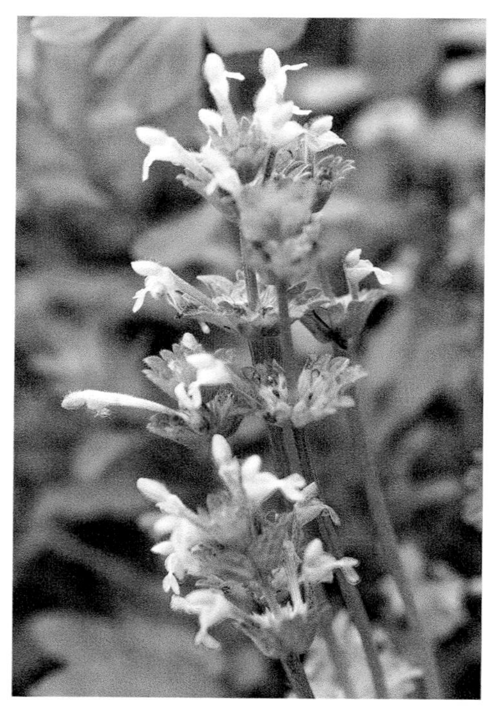

鉴别特征：一年生或二年生植物。茎高达 30 cm，四棱形。茎下部叶具长柄，上部叶无柄，叶片圆形，边缘具深圆齿，两面生糙伏毛。轮伞花序；苞片披针状钻形。花萼管状钟形，萼齿 5 枚。花冠紫红，冠筒细长，冠檐二唇形。雄蕊花丝无毛，花药被长硬毛。花柱丝状，先端 2 浅裂。花盘杯状，具圆齿。小坚果倒卵圆形，具三棱。花期 3—5 月，果期 7—8 月。

分布：产于保护区各林区。生于路旁、林缘、沼泽草地及宅旁等地。

用途：药用。

荔枝草 *Salvia plebeia*

唇形科 Lamiaceae　鼠尾草属 *Salvia*

鉴别特征：一年生或二年生草本；主根肥厚。茎直立，被柔毛。叶椭圆状卵圆形，边缘具齿，草质，两面被毛。轮伞花序，在茎、枝顶端密集组成总状花序；花萼钟形，二唇形。花冠淡红、淡紫至蓝色，冠檐二唇形。能育雄蕊 2 枚，着生于下唇基部。花盘前方微隆起。小坚果倒卵圆形，成熟时干燥、光滑。花期 4—5 月，果期 6—7 月。

分布：产于保护区各林区；生于山坡、路旁、沟边和田野潮湿的土壤上。

用途：药用。

河南鼠尾草 *Salvia honania*

唇形科 Lamiaceae　鼠尾草属 *Salvia*

鉴别特征：一年生或二年生草本。茎四棱形，密被毛。单叶或由 3 小叶组成的复叶，边缘具锯齿，草质，两面被柔毛，边缘具缘毛。轮伞花序疏离，组成顶生总状花序。花萼筒状，二唇形。花冠伸出，冠檐二唇形。能育雄蕊 2 枚，外伸，花丝伸出花冠筒，药隔线形，药室不发育。退化雄蕊短小。花柱伸出，先端 2 裂。小坚果长圆状椭圆形，光滑。花期 5 月。

分布：产于保护区各林区；生于平原阳处水田中或潮湿地。模式标本采自河南信阳鸡公山。

韩信草 *Scutellaria indica*

唇形科 Lamiaceae 黄芩属 *Scutellaria*

鉴别特征：多年生草本。茎高达 28 cm，上升直立，四棱形，被柔毛。叶草质，心状卵圆形，边缘生圆齿。花对生，在茎或分枝顶上排列成总状花序。花萼在果时增大。花冠蓝紫色；冠筒前方基部膝曲；冠檐二唇形，上唇盔状，下唇具深紫色斑点。雄蕊 4 枚，二强；花丝扁平。花盘肥厚。子房 4 裂。小坚果栗色，卵形，具瘤，腹面近基部具一果脐。花果期 2—6 月。

分布：产于保护区各林区；生于山地、疏林下、路旁空地及草地上。

用途：药用。

京黄芩 *Scutellaria pekinensis*

唇形科 Lamiaceae　黄芩属 *Scutellaria*

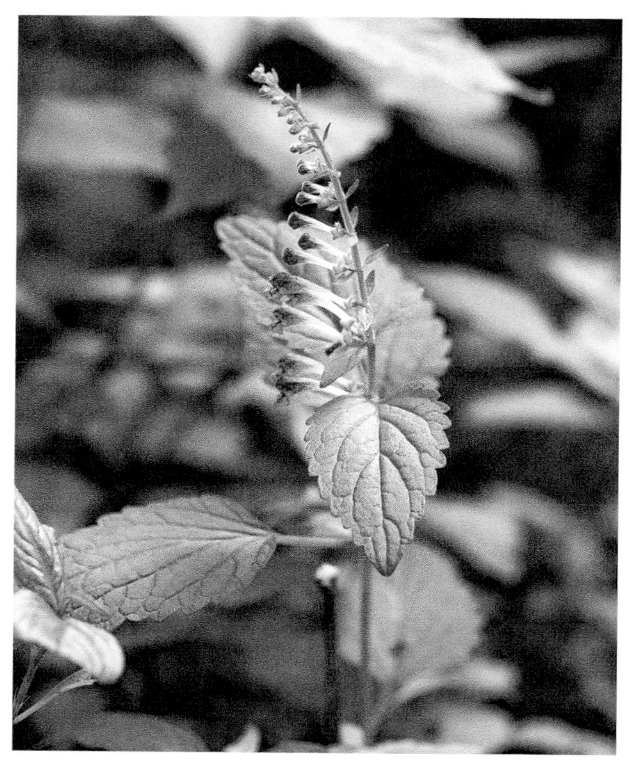

鉴别特征：一年生草本。茎高达 40 cm，直立，四棱形。叶草质，卵圆形，边缘具齿，两面被毛。花对生，排列成顶生总状花序。花萼在果时增大。花冠蓝紫色，长 1.7～1.8 cm；冠筒前方基部略膝曲状；冠檐二唇形，上唇盔状。雄蕊 4 枚，二强；花丝扁平。花盘肥厚。子房无毛。成熟小坚果栗色，卵形，具瘤，腹面中下部具一果脐。花期 6—8 月，果期 7—10 月。

分布：产于保护区各林区；生于石缝、潮湿谷地或林下。

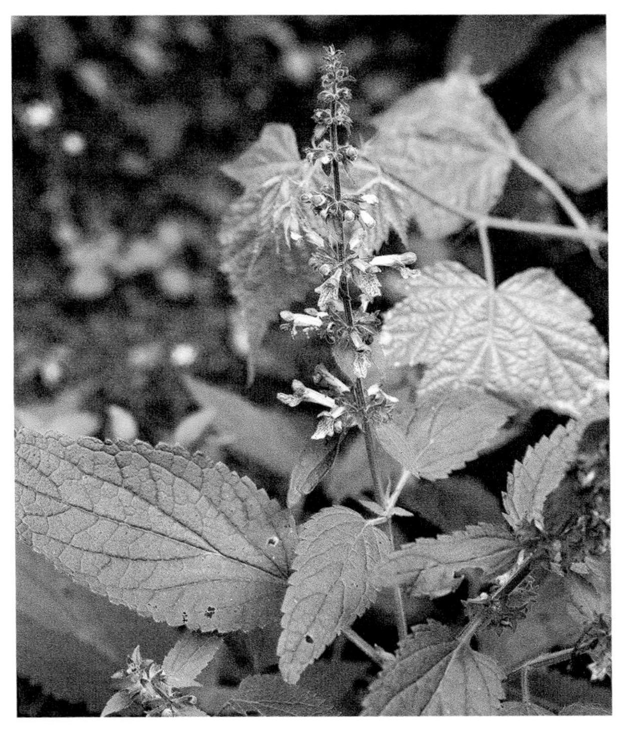

鉴别特征：多年生草本。茎四棱形，具槽。茎生叶卵圆形，边缘有规则的锯齿。轮伞花序通常 6 朵花，组成顶生穗状花序。花萼狭钟形，齿 5 枚。花冠粉红至紫红色，下唇有紫斑，冠筒筒状，冠檐二唇形。雄蕊 4 枚，花药 2 室，室纵裂，极叉开。花柱丝状，2 浅裂。小坚果卵珠形，具小瘤。花期 7—8 月，果期 9 月。

分布：产于保护区各林区；生于湿润地及积水处。

用途：地下块茎供食用；药用。

地笋 *Lycopus lucidus*

唇形科 Lamiaceae　地笋属 *Lycopus*

鉴别特征：多年生草本，高达 1.7 m；根茎先端肥大呈圆柱形。茎不分枝，四棱形。叶长圆状披针形，边缘具锯齿。轮伞花序无梗。花萼钟形，萼齿 5 枚。花冠白色，冠檐不明显二唇形。雄蕊仅前对能育，花丝丝状，花药卵圆形，2 室，后对雄蕊退化，先端棍棒状。花柱伸出花冠，2 浅裂。小坚果倒卵圆状四边形，腹面具棱，有腺点。花期 6—9 月，果期 8—11 月。

分布：产于保护区各林区；生于沼泽地、水边、沟边等潮湿处。

用途：药用。

冬青科 Aquifoliaceae

枸骨 *Ilex cornuta*

冬青科 Aquifoliaceae　冬青属 *Ilex*

鉴别特征：常绿灌木或小乔木，高达 3 m。叶片厚革质，四角状长圆形，具 1 刺齿，上面具光泽。花序簇生；花淡黄色，4 基数。雄花；花冠辐状，花瓣反折，基部合生；花药长圆状卵形；退化子房近球形。雌花花药卵状箭头形；子房长圆状卵球形，柱头盘状。果球形，成熟时鲜红色，基部具宿存花萼，顶端宿存柱头；内果皮骨质。花期 4—5 月，果期 10—12 月。

分布：产于保护区各林区；生于灌丛、疏林及路边、溪旁和村舍附近。

用途：常栽培作庭园观赏；根、枝叶和果入药；种子含油；树皮可作染料和提取栲胶；木材软韧。

伞形科 Apiaceae

变豆菜 *Sanicula chinensis*

伞形科 Apiaceae　变豆菜属 *Sanicula*

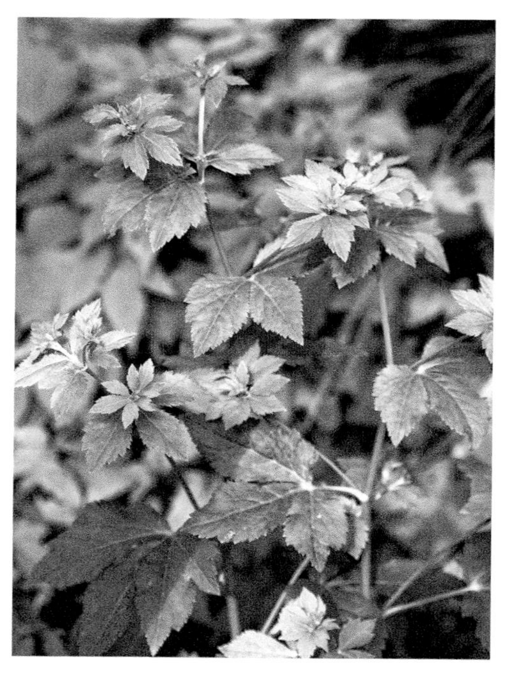

鉴别特征：多年生草本；株高达 1 m；茎粗壮、无毛；基生叶近圆肾形或圆心形，常 3（5）裂；茎生叶有柄或近无柄；伞形花序二至三回叉式分枝，总苞片叶状，常 3 深裂，伞形花序有花 6～10 朵，雄花 3～7 朵，两性花 3～4 朵；花瓣白色或绿白色；果圆卵形，有钩状基部膨大的皮刺。花果期 4—10 月。

分布：产于保护区各林区。

窃衣 *Torilis scabra*

伞形科 Apiaceae　窃衣属 *Torilis*

鉴别特征：总苞片通常无，很少有 1 钻形或线形的苞片；伞辐 2～4 枚，长 1～5 cm，粗壮，有纵棱及向上紧贴的粗毛。果实长圆形，长 4～7 mm、宽 2～3 mm。花果期 4—11 月。

分布：产于保护区各林区；生于山坡、林下、路旁、河边及空旷草地上。

鸭儿芹 *Cryptotaenia japonica*

伞形科 Apiaceae　鸭儿芹属 *Cryptotaenia*

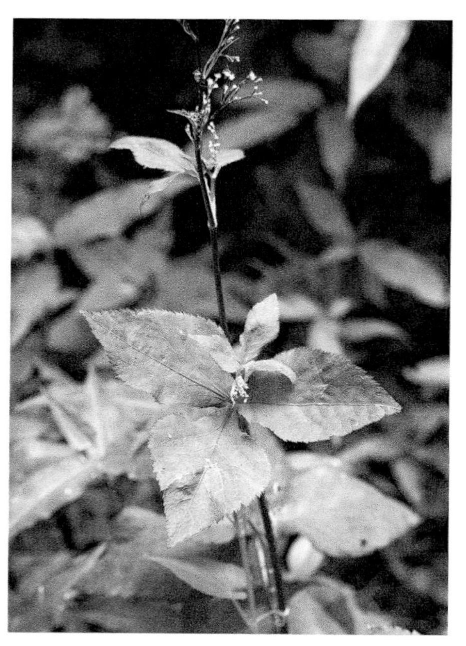

鉴别特征：植株高达 1 m；茎直立，有分枝；基生叶或较下部的茎生叶具柄，3 小叶，顶生小叶菱状倒卵形；花序圆锥状，花序梗不等长，总苞片和小总苞片 1～3 枚，线形，早落；伞形花序有花 2～4 朵；花梗极不等长；花瓣倒卵形，顶端有内折小舌片；果线状长圆形，胚乳腹面近平直；花期 4—5 月，果期 6—10 月。

分布：产于保护区各林区。

用途：全草药用；种子含油。

蛇床 *Cnidium monnieri*

伞形科 Apiaceae　蛇床属 *Cnidium*

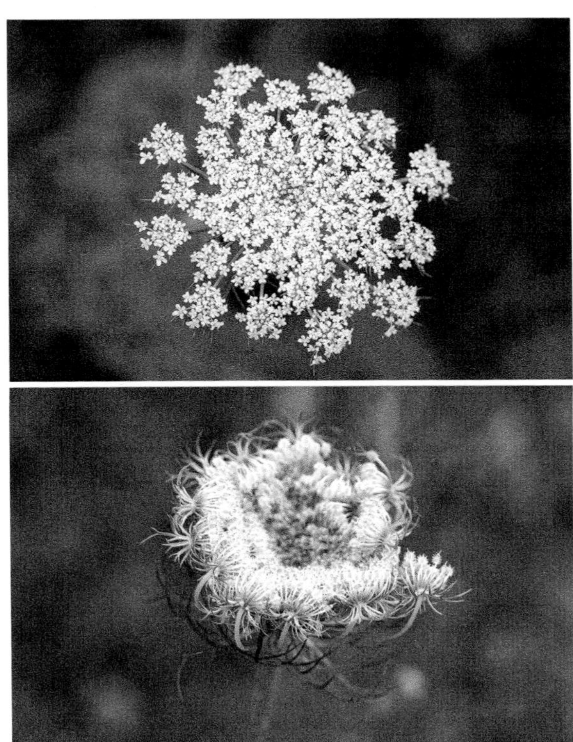

鉴别特征：一年生草本。根圆锥状。茎中空，表面具棱，粗糙。叶片卵形，羽状全裂。复伞形花序；总苞片边缘膜质，具细睫毛；伞辐 8~20 个，不等长；小总苞片多数，线形，边缘具细睫毛；小伞形花序，萼齿无；花瓣白色，先端具内折小舌片；花柱向下反曲。分生果长圆状，横剖面近五角形，主棱 5 个，均扩大成翅。花期 4—7 月，果期 6—10 月。

分布：产于保护区各林区；生于田边、路旁、草地及河边湿地。

用途：果实药用。

五加科 Araliaceae

常春藤 *Hedera nepalensis*

五加科 Araliaceae　常春藤属 *Hedera*

鉴别特征：常绿攀缘灌木；有气生根。叶片革质，全缘或 3 裂，常略菱形，上面深绿色，有光泽。伞形花序单个顶生，或排列成圆锥花序；苞片小，三角形；花淡黄白色，芳香；萼密生鳞片，近全缘；花瓣 5 瓣，三角状卵形；雄蕊 5 枚，花药紫色；子房 5 室；花盘隆起，黄色；花柱合生成柱状。果实球形，宿存花柱。花期 9—11 月，果期次年 3—5 月。

分布：产于保护区各林区。

用途：全株药用；枝叶供观赏用；茎叶含鞣酸，可提制栲胶。

楤木 *Aralia elata*

五加科 Araliaceae　楤木属 *Aralia*

鉴别特征：灌木或小乔木；小枝疏生细刺。二回或三回羽状复叶，叶轴和羽片轴基部通常有短刺；小叶片薄纸质，阔卵形，边缘疏生锯齿，侧脉两面明显。圆锥花序伞房状；主轴短，分枝在主轴顶端指状排列，密生灰色短柔毛；苞片和小苞片披针形，膜质，边缘有纤毛；花黄白色；萼边缘有 5 个小齿；花瓣 5 瓣，开花时反曲；子房 5 室；花柱 5 个，离生或基部合生。果实球形，黑色，有 5 棱。花期 6—8 月，果期 9—10 月。

分布：产于保护区各林区。

细柱五加 *Eleutherococcus nodiflorus*

五加科 Araliaceae　五加属 *Eleutherococcus*

鉴别特征：灌木；高达 3 m；小枝细长下垂，节上疏被扁钩刺；叶有小叶 5 片，在长枝上互生，在短枝上簇生；小叶片膜质至纸质，倒卵形，边缘有细钝齿；伞形花序单个稀 2 个腋生，或顶生在短枝上，直径约 2 cm，有花多数；花黄绿色；花瓣 5 瓣，长圆状卵形；雄蕊 5 枚；子房 2 室；花柱 2 个，细长，离生或基部合生；果扁球形，径约 6 mm，熟时紫黑色。

分布：产于东沟。

用途：根皮药用。

海桐科 Pittosporaceae

海桐 *Pittosporum tobira*

海桐科 Pittosporaceae　海桐属 *Pittosporum*

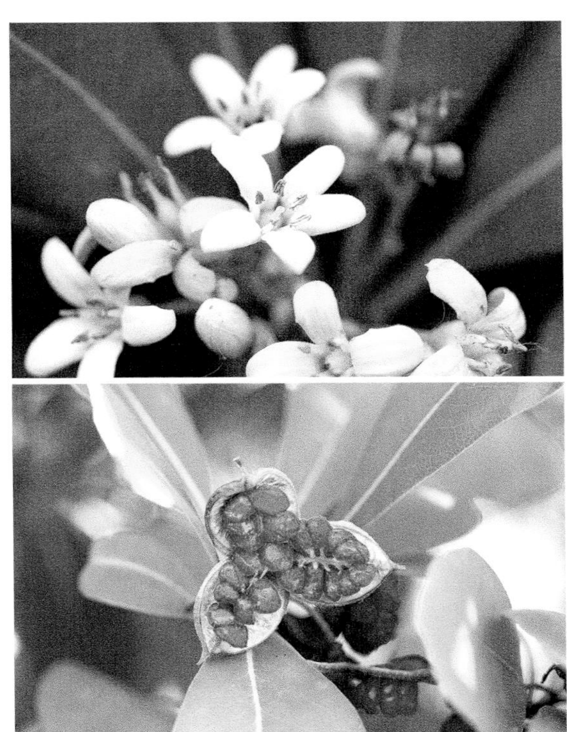

鉴别特征：常绿灌木或小乔木，高达 6 m。叶聚生于枝顶，革质，倒卵形，上面深绿色，发亮，全缘。伞形花序顶生，密被柔毛。花白色，有芳香，后变黄色；萼片卵形，被柔毛；花瓣倒披针形，离生；雄蕊二形，退化雄蕊短；正常雄蕊花丝长，花药长圆形，黄色；子房长卵形，被毛，侧膜胎座。蒴果圆球形，有棱，3 片裂开，果片木质；种子多角形，红色。

分布：保护区新店保护站有栽培。

忍冬科 Caprifoliaceae

忍冬 *Lonicera japonica*

忍冬科 Caprifoliaceae　忍冬属 *Lonicera*

鉴别特征：半常绿藤本；幼枝被毛。叶纸质，卵形，有糙缘毛。花冠白色，后变黄色，唇形，筒稍长于唇瓣，外被毛，上唇裂片顶端钝形，下唇带状而反曲；雄蕊和花柱均高出花冠。果实圆形，熟时蓝黑色，有光泽；种子卵圆形，褐色，中部有 1 凸起的脊，两侧有浅的横沟纹。花期 4—6 月（秋季亦常开花），果熟期 10—11 月。

分布：产于保护区各林区；生于海拔最高达 1500 m 的山坡灌丛或疏林中、乱石堆、山足路旁及村庄篱笆边。

用途：常用中药。

金银忍冬 *Lonicera maackii*

忍冬科 Caprifoliaceae　忍冬属 *Lonicera*

鉴别特征：落叶灌木，高达 6 m；枝、叶、苞片等都被毛。叶纸质，形状变化较大。花芳香，生于幼枝叶腋；花冠先白色后变成黄色，唇形，筒长约为唇瓣的 1/2，内被柔毛；雄蕊与花柱长约达花冠的 2/3。果实暗红色，圆形，直径 5～6 mm；种子具蜂窝状微小浅凹点。花期 5—6 月，果期 8—10 月。

分布：产于保护区各林区；生于林中或林缘溪流附近的灌木丛中。

用途：茎皮可制人造棉；花可提取芳香油；种子榨成的油可制肥皂。

五福花科 Adoxaceae

荚蒾 *Viburnum dilatatum*

五福花科 Adoxaceae　荚蒾属 *Viburnum*

鉴别特征：落叶灌木，高达 3 m；枝、芽、叶和花序均被毛。叶纸质，宽倒卵形，边缘有锯齿，有透亮腺点。复伞形式聚伞花序稠密；萼筒狭筒状，萼齿卵形；花冠白色，辐状，直径约 5 mm，裂片圆卵形；雄蕊明显高出花冠，花药小，乳白色，宽椭圆形；花柱高出萼齿。果实红色，椭圆状卵圆形；核扁，卵形。花期 5—6 月，果期 9—11 月。

分布：产于保护区新店保护站、东沟；生于山坡或山谷疏林下，林缘及山脚灌丛中。

用途：韧皮纤维可制绳和人造棉；种子含油，可制肥皂和润滑油；果可食，亦可酿酒。

粉团 *Viburnum plicatum*

五福花科 Adoxaceae　荚蒾属 *Viburnum*

鉴别特征：落叶灌木，高达 3 m。叶纸质，宽卵形，边缘有三角状锯齿，被毛，侧脉笔直伸至齿端，上面常深凹陷，下面显著凸起。聚伞花序伞形式，球形，直径 4~8 cm，全部由大型的不孕花组成；萼筒倒圆锥形，萼齿卵形；花冠白色，辐状，直径 1.5~3.0 cm，裂片有时仅 4 片；雌、雄蕊均不发育。花期 4—5 月。

分布：保护区有栽培。

用途：栽培观赏。

接骨木 *Sambucus williamsii*

五福花科 Adoxaceae　接骨木属 *Sambucus*

鉴别特征：落叶灌木或小乔木。羽状复叶，叶搓揉后有臭气。花与叶同出，圆锥形聚伞花序顶生；花小而密；萼筒杯状，花冠蕾时带粉红色，开后白色或淡黄色，筒短；雄蕊与花冠裂片等长，开展，花药黄色；子房 3 室，花柱短，柱头 3 裂。果实红色，卵圆形；分核 2~3 枚，卵圆形。花期一般 4—5 月，果期 9—10 月。

分布：产于保护区各林区；生于海拔 1000~1400 m 的山坡、灌丛、沟边、路旁、宅边等地。

金鸡菊 *Coreopsis basalis*

菊科 Asteraceae　金鸡菊属 *Coreopsis*

鉴别特征：一年生或二年生草本，高 30～60 cm，疏生柔毛，多分枝。叶具柄，叶片羽状分裂，裂片圆卵形至长圆形，或在上部有时线性。头状花序单生枝端，或少数成伞房状，直径 2.5～5.0 cm，具长梗；外层总苞片与内层近等长，舌状花 8 朵，黄色，基部紫褐色，先端具齿或裂片；管状黑紫色。瘦果倒卵形，内弯，具 1 条骨质边缘。花期 7—9 月。

分布：原产北美洲。我国常见栽培。

用途：观赏；药用。

白头婆 *Eupatorium japonicum*

菊科 Asteraceae　泽兰属 *Eupatorium*

鉴别特征：多年生草本，高达 200 cm。茎直立，茎枝被短柔毛。叶对生，有叶柄；中部叶椭圆形；向上及向下部的叶渐小；叶缘有锯齿。头状花序排成紧密的伞房花序。总苞钟状，含 5 朵小花；总苞片覆瓦状排列，3 层。花白色或带红紫色，花冠长 5 mm，外面有较稠密的黄色腺点。瘦果淡黑褐色，椭圆状，5 棱，被黄色腺点，无毛；冠毛白色。花果期 6—11 月。

分布：产于保护区各林区；生于山坡草地、密疏林下、灌丛中、水湿地及河岸水旁。

用途：全草药用。

马兰 *Aster indicus*

菊科 Asteraceae　紫菀属 *Aster*

鉴别特征：根状茎有匍枝。茎直立，高达 70 cm。基部叶在花期枯萎；茎部叶倒披针形，上部叶小，全缘，叶稍薄质。头状花序单生于枝端并排列成疏伞房状。总苞半球形；总苞片 2～3 层，覆瓦状排列。花托圆锥形。舌状花 1 层，15～20 瓣；舌片浅紫色；管状花被短密毛。瘦果倒卵状矩圆形，极扁。冠毛弱而易脱落，不等长。花期 5—9 月，果期 8—10 月。

分布：产于保护区各林区。

用途：全草供药用；幼叶通常作蔬菜食用。

钻形紫菀 *Aster subulatus*

菊科 Asteraceae　紫菀属 *Aster*

鉴别特征：茎高达 100 cm，无毛；基生叶倒披针形，花后凋落；中部叶线状披针形，无柄；上部叶渐狭窄，全缘，无柄；头状花序多数在茎顶端排成圆锥状，总苞钟状，总苞片 3～4 层，外层较短，内层较长，线状钻形，边缘膜质；舌状花细狭，淡红色，长与冠毛相等或稍长；管状花多数，花冠短于冠毛；瘦果长圆形或椭圆形，有 5 纵棱，冠毛淡褐色；

分布：北美原产，我国逸生。产于保护区各林区。

一年蓬 *Erigeron annuus*

菊科 Asteraceae　飞蓬属 *Erigeron*

鉴别特征：一年生或二年生草本，茎粗壮，上部分枝，被硬毛。基部叶长圆形，中部和上部叶较小，长圆状披针形，最上部叶线形，全部叶边缘被短硬毛。头状花序排列成疏圆锥花序，总苞片 3 层，披针形，背面被毛；外围的雌花舌状，2 层，舌片平展，白色，或蓝色，线形，顶端具 2 小齿；中央的两性花管状，黄色；瘦果披针形，被柔毛；冠毛异形。花期 6—9 月。

分布：原产北美洲，在我国已驯化。产于保护区各林区；生于路边旷野或山坡荒地。

用途：全草可入药。

小蓬草 *Erigeron canadensis*

菊科 Asteraceae　飞蓬属 *Erigeron*

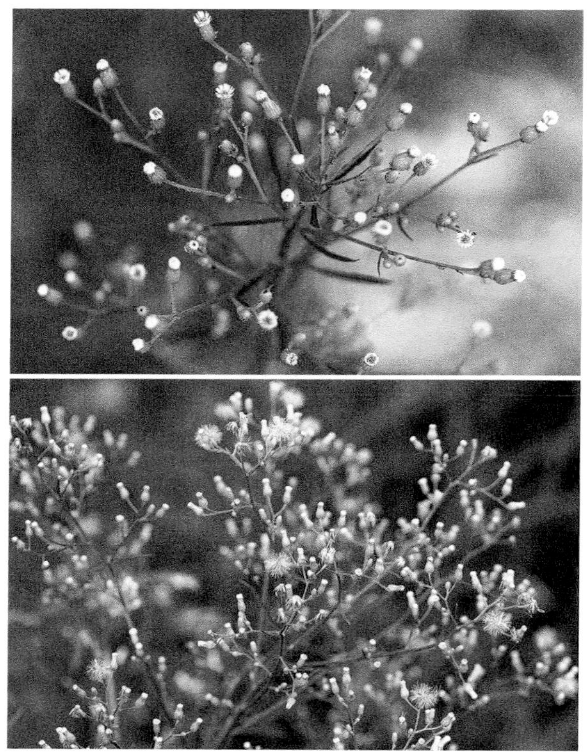

鉴别特征：一年生草本，根纺锤状。茎高达 100 cm，被长硬毛，上部多分枝。叶密集，基部叶花期常枯萎，下部叶倒披针形，中部和上部叶较小，线形。头状花序多数，小径 3～4 mm，排列成顶生多分枝的大圆锥花序；雌花多数，舌状，白色，舌片小，稍超出花盘，线形；两性花淡黄色，花冠管状；瘦果线状披针形；冠毛污白色，1 层，糙毛状。花期 5—9 月。

分布：原产北美洲。产于保护区各林区。

用途：嫩茎、叶可作猪饲料；全草入药。

拟鼠麹草 *Pseudognaphalium affine*

菊科 Asteraceae　拟鼠麹草属 *Pseudognaphalium*

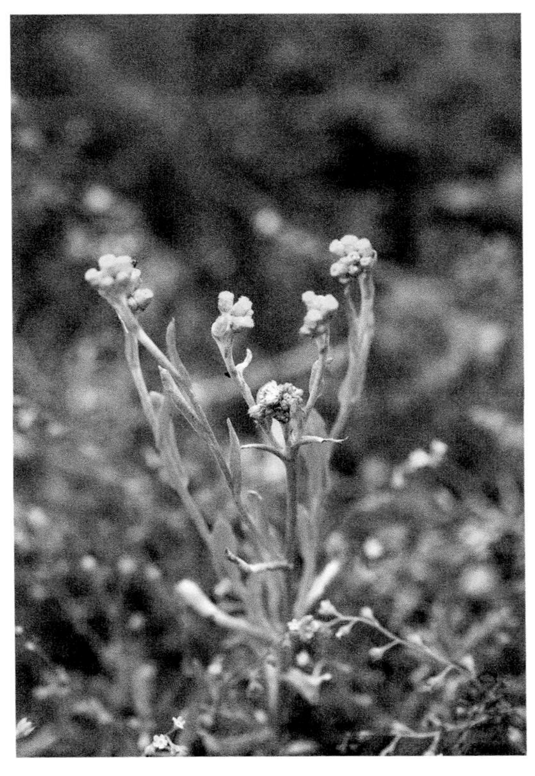

鉴别特征：一年生草本。茎被白色厚棉毛。叶无柄，匙状倒披针形。头状花序，在枝顶密集成伞房花序，花黄色至淡黄色；总苞钟形，金黄色，膜质。雌花多数，花冠细管状，花冠顶端扩大，3 齿裂，裂片无毛。两性花较少，管状，檐部 5 浅裂，裂片三角状渐尖，无毛。瘦果倒卵形，有乳头状突起。冠毛粗糙，污白色，易脱落。花期 1—4 月或 8—11 月。

分布：产于保护区各林区。

用途：茎叶入药。

匙叶合冠鼠麹草 *Gamochaeta pensylvanica*

菊科 Asteraceae　合冠鼠麹草属 *Gamochaeta*

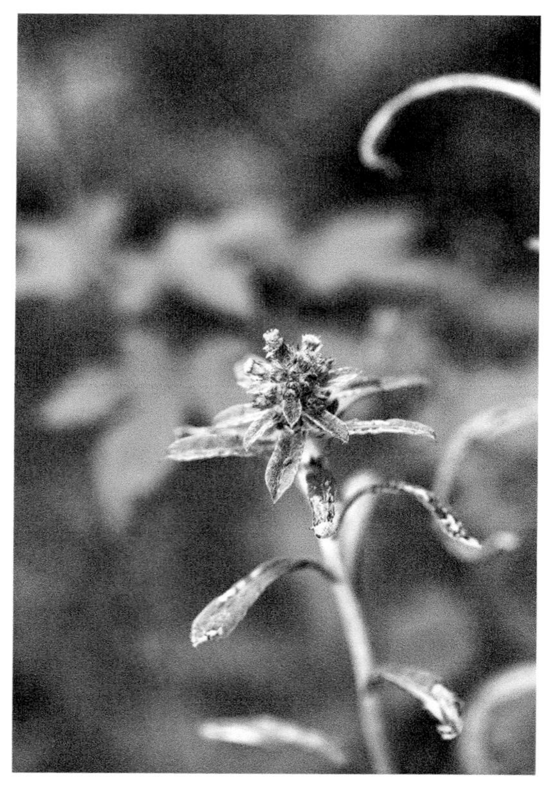

鉴别特征：一年生草本。高达 45 cm，被毛。下部叶倒披针形；中部叶倒卵状长圆形；上部叶小，与中部叶同形。头状花序多数，成束簇生排列成穗状花序；总苞卵形；总苞片 2 层。雌花多数，花冠丝状，长约 3 mm，顶端 3 齿裂。两性花少数，花冠管状。瘦果长圆形，有乳头状突起。冠毛绢毛状，污白色，易脱落，基部连合成环。花期 12 月至翌年 5 月。

分布：产于保护区各林区。常见于篱园或耕地上，耐旱性强。

旋覆花 *Inula japonica*

菊科 Asteraceae　旋覆花属 *Inula*

鉴别特征：多年生草本。茎单生，直立，高达 70 cm。基部叶常较小，花期枯萎；中部叶长圆形；上部叶渐狭小，线状披针形。头状花序径 3～4 cm，排列成疏散的伞房花序。总苞半球形；总苞片约 6 层。舌状花黄色，较总苞长 2.0～2.5 倍；舌片线形；管状花花冠有三角披针形裂片；冠毛 1 层，白色。瘦，圆柱形，有 10 条沟。花期 6—10 月，果期 9—11 月。

分布：产于保护区各林区；生于山坡路旁和湿润草地。

用途：药用。

天名精 *Carpesium abrotanoides*

菊科 Asteraceae　天名精属 *Carpesium*

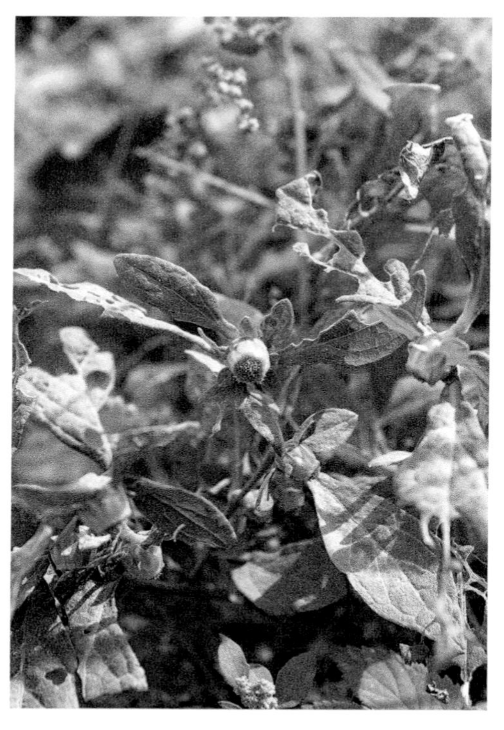

鉴别特征：多年生粗壮草本。茎高达 100 cm，圆柱状。基叶于开花前凋萎，茎下部叶广椭圆形，叶面粗糙，下面密被短柔毛，有细小腺点，边缘具钝齿；茎上部叶较密，长椭圆形。头状花序多数,成穗状花序。总苞钟球形；苞片 3 层,外层较短。雌花狭筒状，长 1.5 mm，两性花筒状，长 2.0～2.5 mm，向上渐宽，冠檐 5 齿裂。瘦果长约 3.5 mm。

分布：产于保护区各林区；生于村旁、路边荒地、溪边及林缘。

用途：全草药用。

苍耳 *Xanthium strumarium*

菊科 Asteraceae　苍耳属 *Xanthium*

鉴别特征：一年生草本，高达 90 cm。根纺锤状。茎被糙伏毛。叶三角状卵形，边缘粗锯齿，上面绿色，下面苍白色。雄性头状花序球形，花托柱状，托片倒披针形，花冠钟形；雌性头状花序椭圆形，外层总苞片小，披针形，内层总苞片结合成囊状，宽卵形，在瘦果成熟时变坚硬，外面有疏生的具钩状的刺。瘦果 2 枚，倒卵形。花期 7—8 月，果期 9—10 月。

分布：产于保护区各林区。

用途：种子可榨油；果实供药用。

鳢肠 *Eclipta prostrata*

菊科 Asteraceae　鳢肠属 *Eclipta*

鉴别特征：一年生草本。高达 60 cm，被贴生糙毛。叶长圆状披针形。头状花序径 6~8 mm；总苞球状钟形，绿色，草质，排成 2 层；外围的雌花 2 层，舌状，舌片短，中央的两性花多数，花冠管状，白色，顶端 4 齿裂；花柱分枝钝，有乳头状突起；花托凸，有披针形或线形的托片。瘦果暗褐色，雌花的瘦果三棱形，两性花的瘦果扁四棱形。花期 6—9 月。

分布：产于保护区各林区；生于河边，田边或路旁。

用途：全草药用。

鬼针草 *Bidens pilosa* var. *pilosa*

菊科 Asteraceae　鬼针草属 *Bidens*

鉴别特征：一年生草本，茎直立，高达 100 cm，钝四棱形。茎下部叶较小，常在开花前枯萎，中部叶具无翅的柄，三出小叶 3 枚，上部叶小，条状披针形。头状花序直径 8～9 mm。无舌状花，盘花筒状，冠檐 5 齿裂。瘦果黑色，条形，具棱，上部具突起及刚毛，顶端芒刺 3～4 枚，具倒刺毛。

分布：产于保护区各林区；生于村旁、路边及荒地中。

用途：全草药用。

白花鬼针草 *Bidens pilosa* var. *radiata*

菊科 Asteraceae　鬼针草属 *Bidens*

鉴别特征：与原变种的区别主要在于头状花序边缘具舌状花5～7枚，舌片椭圆状倒卵形，白色，长5～8 mm，宽3.5～5.0 mm，先端钝或有缺刻。

分布：产于保护区各林区；生于村旁、路边及荒地中。

用途：全草药用。

黄花蒿 *Artemisia annua*

菊科 Asteraceae　蒿属 *Artemisia*

鉴别特征：一年生草本；植株有浓烈的挥发性香气。茎单生，高达 200 cm，有纵棱。叶纸质，绿色，二回至三回栉齿状羽状深裂。头状花序球形，多数，直径 1.5～2.5 mm；总苞片 3～4 层，花序托凸起，半球形；花深黄色，花冠狭管状，花柱线形，伸出花冠外，先端 2 叉；两性花结实或中央少数花不结实，花冠管状，花药线形，上端附属物尖，长三角形，花柱先端 2 叉。瘦果小，椭圆状卵形。花果期 8—11 月。

分布：产于保护区各林区。

用途：含挥发油；药用。

蒲儿根 *Sinosenecio oldhamianus*

菊科 Asteraceae　蒲儿根属 *Sinosenecio*

鉴别特征：多年生或二年生草本。叶片卵状圆形，边缘具锯齿。头状花序多数排列成顶生复伞房状花序。舌状花舌片黄色，长圆形，具 3 细齿，4 条脉；管状花多数，花冠黄色；花药长圆形；花柱分枝外弯，顶端截形，被乳头状毛。瘦果圆柱形，舌状花瘦果无毛，在管状花被短柔毛；冠毛在舌状花缺，管状花冠毛白色。花期 1—12 月。

分布：产于保护区各林区；生于林缘、溪边、潮湿岩石边及草坡、田边。

用途：全草药用。

蓟 *Cirsium japonicum*

菊科 Asteraceae　蓟属 *Cirsium*

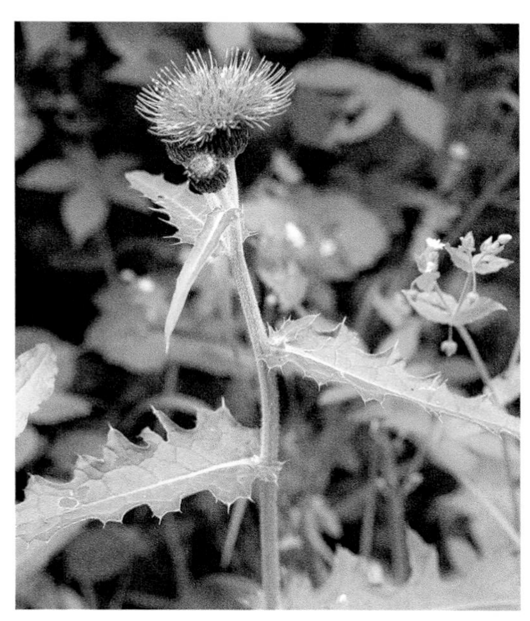

鉴别特征：多年生草本，块根纺锤状。茎直立，茎枝有条棱，被长节毛。基生叶较大，卵形，羽状深裂，柄翼边缘有针刺及刺齿；侧裂片边缘有锯齿。上部叶基部扩大半抱茎。头状花序直立。总苞顶端有针刺。苞片外面有微糙毛及腺体。小花红色或紫色。冠毛浅褐色，多层，基部联合成环，整体脱落。瘦果压扁，偏斜楔状倒披针状，顶端斜截形。花果期 4—11 月。

分布：产于保护区各林区；生于山坡林中、林缘、灌丛中、草地、荒地、田间、路旁或溪旁。

用途：全草药用。

泥胡菜 *Hemistepta lyrata*

菊科 Asteraceae　胡菜属 *Hemistepta*

鉴别特征：一年生草本。叶常羽状深裂，上面绿色，下面灰白色，被绒毛。头状花序在茎枝顶端排成疏松伞房花序。总苞宽钟状，多层，覆瓦状排列，中外层苞片有直立的鸡冠状突起的紫红色附片。小花紫色或红色，深 5 裂。瘦果小，楔状，深褐色，压扁，有突起的尖细肋。冠毛异型，白色，两层，外层冠毛整体脱落；内层冠毛，鳞片状，宿存。花果期 3—8 月。

分布：产于保护区各林区。

蒲公英 *Taraxacum mongolicum*

菊科 Asteraceae　蒲公英属 *Taraxacum*

鉴别特征：多年生草本。叶倒卵状披针形，边缘有时具波状齿或羽状深裂。花葶 1 至数个，高达 25 cm，上部紫红色，密被长柔毛；头状花序直径 30～40 mm；总苞钟状；总苞片 2～3 层；舌状花黄色，花药和柱头暗绿色。瘦果倒卵状披针形，暗褐色，上部具小刺，下部具成行排列的小瘤，顶端为圆锥形喙基；冠毛白色。花期 4—9 月，果期 5—10 月。

分布：产于保护区各林区；生于山坡草地、路边、田野和河滩。

用途：全草药用。

苦苣菜 *Sonchus oleraceus*

菊科 Asteraceae　苦苣菜属 *Sonchus*

鉴别特征：一年生或二年生草本。根圆锥状。茎单生。有基生叶和茎叶，羽状深裂或不裂，叶缘常有锯齿，两面光滑毛，质地薄。头状花序少数。总苞宽钟状，3~4 层，覆瓦状排列。舌状小花多数，黄色。瘦果褐色，长椭圆形，压扁，每面各有 3 条细脉，肋间有横皱纹，顶端狭，无喙，冠毛白色，单毛状，彼此纠缠。花果期 5—12 月。

分布：产于保护区各林区；生于山坡或山谷林缘、林下或平地田间、空旷处或近水处。

用途：全草入药。

花叶滇苦菜 *Sonchus asper*

菊科 Asteraceae　苦苣菜属 *Sonchus*

鉴别特征：一年生草本。基生叶与茎生叶同型，中下部茎叶长椭圆形，上部茎叶披针形，基部扩大，圆耳状抱茎，两面光滑无毛。头状花序。总苞宽钟状，草质，外层长披针形或长三角形；全部苞片顶端急尖，外面光滑无毛。舌状小花黄色。瘦果倒披针状，褐色，压扁，两面各有 3 条细纵肋。冠毛白色，长，柔软，基部连合成环。花果期 5—10 月。

分布：产于保护区各林区；生于山坡、林缘及水边。

牛膝菊 *Galinsoga parviflora*

菊科 Asteraceae　牛膝菊属 *Galinsoga*

鉴别特征：一年生草本，全株被毛。叶对生，卵形，边缘浅锯齿。头状花序半球形，有长花梗。总苞半球形或宽钟状，白色，膜质。舌状花 4~5 朵，舌片白色，顶端 3 齿裂；管状花花冠，黄色。托片倒披针形，纸质。瘦果三棱，黑色，常压扁，被白色微毛。舌状花冠毛毛状，脱落；管状花冠毛膜片状，白色，边缘流苏状。花果期 7—10 月。

分布：产于保护区各林区；生于林下、河谷地、荒野、河边、田间和溪边。

用途：全草药用。

黄鹌菜 *Youngia japonica*

菊科 Asteraceae　黄鹌菜属 *Youngia*

鉴别特征：一年生草本。基生叶倒披针形，大头羽状深裂；无茎叶；叶及叶柄被柔毛。头花序含 10~20 朵舌状小花，花序梗细。总苞圆柱状，无毛。舌状小花黄色，花冠管外面有短柔毛。瘦果纺锤形，压扁，褐色或红褐色，顶端无喙，有纵肋，肋上有小刺毛。冠毛糙毛状。花果期 4—10 月。

分布：产于保护区各林区。

尖裂黄瓜菜 *Paraixeris serotina*

菊科 Asteraceae　黄瓜菜属 *Paraixeris*

鉴别特征：多年生草本。茎单生，上部伞房花序状，茎枝无毛。基生叶莲座状，茎叶向基部心形扩大抱茎。头状花序，在茎枝顶端排成伞房花序或伞房圆锥花序。舌状小花黄色。瘦果黑色，纺锤形，有 10 条高起的钝肋，上部沿肋有上指的小刺毛，向上渐尖成细喙，喙细丝状。冠毛白色，微糙毛状。花果期 3—5 月。

分布：产于保护区各林区；生于山坡或平原路旁、林下、河滩地和岩石上。

用途：全草入药。